KB008150

페렐만이 들려주는

생활 속 과학 이야기

Занимательная Физика

Я. И. Перельман

페렐만이 들려주는

생활 속 과학 이야기

과학적 사고력을 키워주는 책

이 책에서 저자는 새로운 사실을 독자들에게 알리기 보다는 독자들이 알고 있는 것을 확인하는데 더 중점을 두었다. 즉, 독자 여러분들이 가지고 있는 과학적 지식을 깨닫게 하고 심화시키며, 그 과학적 지식들이 실제 생활에서 어떻게 응용되는지를 보여주고자 하였다. 그것들을 위해서 재미있는 이야기, 공상과학 소설 등의 예를 가지고 만들었다.

사실 과학책들은 과학적인 지식의 습득이라는 목적을 달성하기 위해서 어려운 내용들을 나열하다보니 흥미와 재미를 느낄 수 없다. 반면 이 책의 목적은 과학적인 지식의 습득이 아니다. 이 책을 쓰게 된 목적은 과학적인 사고를 통해서 과학적인 행동을 독자 여러분들이 할 수 있도록 하는데 있다.

독자 여러분들은 이 책을 읽은 후에는 일상생활을 해나가는데 있어서 과학이 얼마나 많은 곳에서 우리의 일상생활을 지배하는지 알게 될 것이다. 그리고 그러한 지식 속에서 끊임없이 과학적인 사고를 복습하게 되고, 또 때로는 직접 과학적인 행동을 해보는 기회도 있게 될 것이다.

혹자들은 이 책에 대해서 새로운 과학적인 지식이나 과학적인 성과도 없는 이런 책이 왜 필요하냐고 비판을 하기도 한다. 하지만 이러한 류의 비판은 이 책의 구성을 제대로 이해하고 있지 못하기 때문이다.

이 책에 나와 있는 문제와 해결책들을 다른 관점에서 살펴본다면 아마 그 속에 현대의 과학적인 성과들을 모두 담아 낼 수 있음을 알게 될 것이다.

이 책은 과학적인 사고를 키워줌으로써 보다 발전된 과학의 이론과 성과를 만들 수 있도록 도와주는 책이다.

모쪼록 이 책을 통해서 독자 여러분들의 과학적인 사고의 힘을 배가시키기 바란다.

저자

고등학교 가기 전에 꼭 알아야 할 과학의 기본원리

독자 여러분들은 초등학교와 중학교에서 공부하는 동안 자신도 알게 모르게 과학적인 지식들이 쌓여있다. 하지만 대부분의 독자 여러분들은 자신의 과학적인 지식이 얼마나 되는지 알지 못할 뿐 아니라 궁금해하지도 않는다. 바로 이 부분에서 여러분들은 오류를 범하게 되고, 고등학교의 과학은 몇몇 사람들만이 할 수 있는 어려운 학문이 되는 것이다.

고등학교의 과학(물리, 화학, 지구과학, 생물 등)은 초등학교와 중학교에서 배웠던 것과는 차원이 틀린 과학이다. 이제 여러분들은 복잡한 계산식을 접하게 되거나 전혀 예상하지 못했던 새로운 사실들을 보게 된다. 하지만 한 가지 분명한 것은 이 모든 것이 초등학교와 중학교에서 배웠던 사실들에 기반을 두고 있다는 것이다.

그렇기 때문에 초등학교와 중학교에서 공부한 과학적 지식을 내가 얼마나 많이 가지고 있나를 알아보는 것은 내가 고등학교에 가서 과학 공부를 할 준비를 하고 있나 아니면 부족한가를 알 수 있게 되는 것은 매우 중요한 것이라고 말하지 않을 수 없다.

문제집들을 풀어보면 되지 않겠냐고 말할 수 있지만 사실 문제집

에 길들여진 독자들은 내용을 전혀 모르면서도 쉽게 문제를 풀 능력을 갖고 있기도 하다. 그렇기 때문에 그것이 객관적인 과학의 지식 정도를 나타내고 있다고 하기는 매우 어렵다.

하지만 이 책은 여러분들이 내용을 모르면 전혀 이해할 수 없는 내용들이며, 문제도 풀 수 없는 것이다. 게다가 논리적 사고도 필요로 한다. 한마디로 '과학논술' 성격을 가진 책이다.

여러분들은 이 책을 읽으면서 자신의 과학적 지식 정도를 측정할 수 있을 뿐만 아니라 책을 읽고 문제를 푸는 과정에서 알고 있는 것은 더 정확하게 알게 되고 잊고 있었던 것 또는 모르고 있었던 지식은 새롭게 알게 된다.

감히 말하건대 이 책을 읽고 모든 것을 이해하고 풀어낼 수 있다면 여러분은 고등학교에 가서 과학 공부를 할 준비가 완전히 되어 있다고 할 수 있다. 물론 대학을 가는 데도 큰 도움이 될 것이다.

부디 이 책을 통해서 러시아의 중고등학생이 그렇듯이 우리나라의 중고등학생들의 과학적 능력을 한 단계 상승시켜줄 수 있기를 기대한다.

편집자

차례

CHAPTER 4. 연이 하늘 높이 날아오를 수 있는 이유는 뭘까?
– 매질의 저항

CHAPTER 5. 귀뚜라미는 어떻게 빨리 도망다닐까?
– 소리와 청각

$E=MC^2$
$P=mg$

CHAPTER 1

우리가 보는 것을 믿을 수 있을까? -시각과 공간

사진이 없던 시절

오늘날 사진은 우리의 일상생활에서 없어서는 안될 아주 친숙한 존재가 되었다. 그래서일까, 우리의 조상들은 사진 없이 어떻게 살 수 있었을까 하는 생각도 든다. 영국 소설가 찰스 디킨스(Charles John Huffam Dickens, 1812-1870: 빅토리아 시대에 활동한 영국 소설가. 화가 시모어의 만화를 위해 쓰기 시작한 희곡소설《픽위크 클럽의 수기》를 분책으로 출판하여 일약 유명해졌다 – 옮긴이)는 희곡소설《픽위크 클럽의 수기》에서, 약 100년 전 영국 정부기관이 사람의 외모를 묘사한 방법에 대해 재미있는 이야기를 들려주는데 여기서 그 한 장면을 읽어보도록 하자.

> 픽위크씨는 초상화가 완성될 때까지 얌전히 앉아 있어야만 했다.
>
> "내 초상화를 그리려나 보군!" 픽위크씨가 큰 소리로 말했다.
>
> "선생님의 모습과 똑같이 그려 드리겠습니다."
>
> 건장하게 생긴 간수가 말했다.
>
> "우리가 초상화 하나는 기가 막히게 그리거든요. 자, 오래 걸리지 않을 테니 그냥 편안히 앉아 계시면 됩니다."

픽위크씨는 간수가 시키는 대로 자리에 앉아 있었다. 그런데 옆에 서 있던 하인 사무엘이 그의 귀에 대고 '초상화를 그린다'는 말은 비유적인 의미로 이해해야 한다고 속삭였다.

"나리, 말인 즉슨 일반 방문객들과 구별하기 위해서 나리의 얼굴을 꼼꼼히 살펴보겠다는 것입니다."

초상화 그리기가 시작되었다. 한 뚱뚱한 간수가 무관심한 표정으로 픽위크씨를 쳐다보았고 또 한 사람의 간수는 신입 죄수의 맞은편에 서서 뚫어지게 그를 바라보고 있었다. 그리고 픽위크씨 바로 앞에 서 있던 세 번째 남자가 픽위크씨의 모습을 눈 여겨 살펴보기 시작했다.

드디어 초상화가 완성되었고 간수들은 픽위크씨에게 감방으로 돌아가도 좋다고 했다.

더 오래 전에는 사람의 '특징'을 죽 늘어놓은 리스트가 '초상화'의 역할을 대신하기도 했다. 가령 푸쉬킨의《보리스 고두노프》에서 황제의 칙령에 묘사된 그리고리 아트레피예프의 인상은 '키가 작고 가슴은 넓고 한쪽 팔이 다른 한쪽 팔보다 짧다. 눈은 하늘색이고 머리털은 불그스레하며 뺨과 이마에는 사마귀가 있다'는 것이었다. 그러나 오늘날에는 어떤가? 그냥 사진 한 장만 있으면 된다.

최초의 사진-은판사진

인류가 처음 사진을 접하게 되는 것은 1840년대, 소위 '은판사진'(daguerreotype: 은판에 요오드 증기를 뿜어 감광화하여 카메라 초점 거리에 놓고 노광(露光)한 뒤 수은 증기 속에서 현상하고 식염 등으로 정착시키는 사진법-옮긴이)이라는 것이 세상에 나오면서부터이다. 하지만 은판사진을 찍기 위해서는 사진기 앞에서 몇 십 분씩 포즈를 취하는 불편함을 겪어야만 했다. 한 예로 레닌그라드 출신의 물리학자 B. P. 웨인버거 교수(1871-1942)는 "나의 할아버지는 '단 하나뿐인' 은판사진을 찍기 위해 무려 40분이나 사진기 앞에 앉아 있었다고 한다!"라며 은판사진에 얽힌 사연을 털어놓았다.

당시만 하더라도 화가의 도움 없이 자신의 모습을 기록할 수 있다는 것은 정말이지 기적에 가까운 일이었고 사진을 찍을 수 있다는 생각에 익숙해지는 데에도 상당한 시간이 걸렸다. 1845년에 발행된 한 러시아 잡지에 이와 관련된 재미있는 이야기가 나오는데 여기서 잠시 그 내용을 읽어보도록 하자.

은판사진이 자동으로 촬영된다는 것을 믿지 못하는 사람이 아직 많

은 것 같다. 하지만 이 이야기를 듣고 나면 생각이 달라질 것이다. 지체 높은 한 신사가 자신의 초상화를 주문하기 위해 사진점으로 갔다. 사진사가 신사를 자리에 앉혔다. 렌즈를 맞춘 다음 무슨 판 같은 것을 끼워 넣었다. 그리고 시계를 한번 쳐다보고는 곧장 밖으로 나가버렸다. 사진사가 방 안에 있는 동안 신사는 꼼짝 못 하고 자리에 앉아 있어야만 했다. 그러나 사진사가 문을 닫고 나가 버리자 신사의 태도는 완전히 바뀌고 말았다. 가만히 앉아 있을 필요가 없다고 생각한 그는 자리에서 일어나 은판사진기를 이리저리 살펴보기 시작했다. 그리고 렌즈 안을 한번 들여다보고는 이내 고개를 갸우뚱거리며 '신통한 물건일세!'라고 말했다. 그 후로도 신사는 계속 방 안을 걸어 다녔다.

시간이 지나서 촬영실로 돌아온 사진사가 깜짝 놀라며 소리쳤다.

"뭘 하신 건가요? 움직이지 말고 가만히 앉아 있으라고 했잖아요?"

"앉아 있었잖아. 다만 당신이 없는 사이 답답해서 잠깐 일어나 있기는 했지만 말이야."

"아니, 제가 없을 때도 돌아다니면 안된단 말입니다."

"왜 가만히 앉아 있어야 한단 말이오? 당신도 없는대."

그렇다면 요즘 사람들은 어떨까? 아직도 이 신사처럼 순진한 생각을 갖고 있는 것은 아닐까? 그렇다. 요즘도 사진에 대해 제대로 알고 있는 사람이 많지 않을 뿐 아니라 촬영된 사진을 '제대로 볼 줄 아는' 사람도 그리 많지가 않다. 여러분은 '그냥 손에 들고 보면 되지 알고 말고 할 것이 뭐 있겠어?'라고 말하고 싶겠지만 사실은 그리 간단한 문제가 아니다. 사진은 우리의 일상생활 속에 널리 보급되어 있음에도 불구하고 여전히 우리가 '제대로 다루지 못하는' 물건들 중 하나로 남아 있다. 사진이 세상에 나온 지 벌써 백 년(이 책이 처음 나온 해는 1940년대이다. –옮긴이)이 다 되어 가지만 아직까지도 일반인과 대부분의 아마추어 사진가들 뿐만 아니라 전문적인 사진가들도 사진을 제대로 볼 줄 모르는 경우가 허다하다.

사진 보기에도 요령이 있다!

카메라는 그 구조상 사람의 눈과 동일한 광학 원리에 기초하고 있기 때문에 대물렌즈가 촬영대상으로부터 얼마나 멀리 떨어져 있느냐에 따라 렌즈 위에 맺히는 상이 달라지게 된다. 가령 우리의 눈과 카메라의 대물렌즈가 같은 위치에서 대상을 본다고 했을 때 카메라는 눈에 보이는 것과 똑같은 상을 감광판에 정착시킨다(양쪽 눈이 아니라 한쪽 눈으로 볼 때의 상을 말한다!). 따라서 실물을 볼 때와 똑같은 시각적 인상을 사진에서 얻고자 한다면 반드시 다음과 같이 해야 한다.

1) 한쪽 눈으로만 본다

2) 적당한 거리를 두고 본다.

양쪽 눈으로 볼 경우 우리는 입체감 없는 평면적인 사진을 보게 된다. 왜냐하면 우리의 눈이 특이한 성질을 지니고 있기 때문이다. 가령 입체적인 사물을 보고 있다고 하자. 그러면 양쪽 눈의 망막에 서로 다른 상이 맺히면서 오른쪽 눈에 보이는 것과 왼쪽 눈에 보이

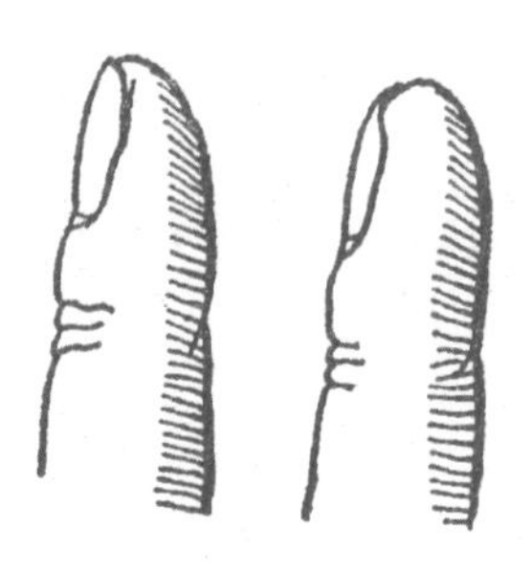

그림 1. 손가락을 세워서 얼굴에서 가까운 곳에 놓고 본다면
오른쪽 눈과 왼쪽 눈이 보는 손가락이 서로 다르게 보인다.

는 것이 서로 달라지게 된다(그림 1). 이때 우리의 지각이 두 개의 상이한 시각적 인상을 결합시켜 하나의 양각(陽刻) 이미지를 만들어낸다(입체경의 구조 역시 이와 똑같은 원리에 기초하고 있다). 하지만 평면적인 사물, 가령 벽 표면 같은 것들을 볼 때는 문제가 달라지는데 이때 양쪽 눈은 완전히 동일한 시각적 인상을 얻게 된다.

양쪽 눈으로 사진을 볼 때 자신도 모르게 범하게 되는 실수가 어떤 것인지 이제 분명히 알았을 것이다. 두 눈으로 사진을 본다는 것 자체가 우리의 의식에게 강요를 하는 것, 즉 평면적 사진을 보고 있다는 확신을 강요하는 것이나 다름없다! 한쪽 눈으로 봐야 할 사진을 양쪽 눈으로 봄으로써 우리는 사진이 보여줄 수 있는 것들을 제대로 보지 못하게 되는 것이다.

카메라가 만들어내는 모든 환상이 이런 어처구니 없는 실수 때문에 사라지고 마는 것이다.

사진을 볼 때 최적의 거리는?

사진을 적당한 거리에서 봐야 한다는 두 번째 요령도 첫 번째 요령 못지않게 중요하다. 적당한 거리가 유지되지 않으면 올바른 원근법이 적용되지 못하기 때문이다. 그렇다면 어느 정도의 거리가 가장 적당할까? 최대의 효과를 얻기 위해서는 카메라의 대물렌즈가 촬영 대상을 보았을 때의 각도와 동일한 각도로 사진을 봐야 한다(그림 2). 따라서 사진과 눈 사이의 거리는 사물과 대물렌즈 사이의 거리보다 짧아야 하고 그 배수는 카메라의 그라운드 글래스(ground glass--렌즈를 통해 들어온 빛의 상을 맺게 하는 유리--옮긴이) 위에 맺힌 상이 실물 크기보다 작은 배수에 비례해야 한다는 결론이 나온다. 즉 대물렌즈의 초점 거리(대물렌즈로부터 카메라 안에 맺히는 상의 거리.-옮긴이)와 비슷한 거리에서 사진을 보는 것이 가장 적당하다.

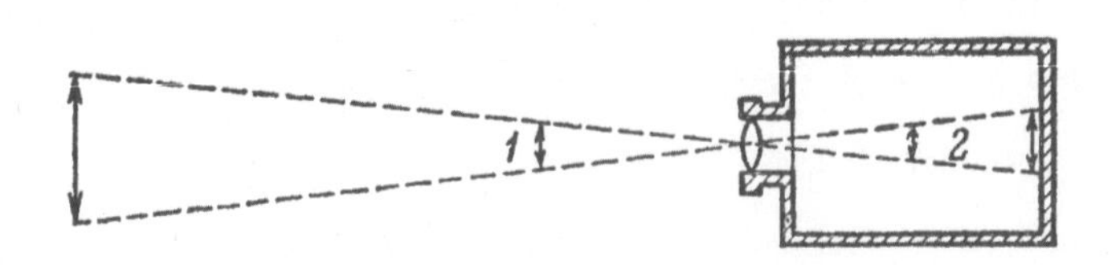

그림 2. 카메라 안의 각2의 크기는 카메라 밖의 각 2의 크기와 같다.

대부분의 아마추어용 카메라들이 12~15cm의 초점거리를 갖는다는 점을 고려한다면(예전의 카메라는 그 크기가 커서 초점거리가 길었다. 요즈음의 카메라는 일반이 기껏해야 4~5cm이다. - 옮긴이) 적당한 거리에서 사진을 본다는 것이 말처럼 쉽지는 않을 것 같다. 왜냐하면 정상적인 시력을 가진 사람이 가장 잘 볼 수 있는 거리가 25cm인데 이것이 일반적인 카메라의 초점거리의 두 배가 되기 때문이다. 그러니까 카메라의 초점거리보다 훨씬 더 먼 거리에 있는, 벽에 걸린 사진 같은 것들은 어쩔 수 없이 평면적으로 보이게 된다.

결국 사진의 효과를 만끽할 수 있는 사람은, 가까이 있는 것을 잘 볼 수 있는 아이들이나 근시를 가진 사람들밖에 없다는 결론이 나온다. 눈과 사진의 거리가 12-15cm 일 때 입체적 이미지를 볼 수 있는 것은 마치 입체경(서로 다른 각도에서 찍은 2장의 사진을 동시에 보여 입체감 있는 시각상을 만드는 장치--옮긴이)에서처럼 이미지의 전경이 후경으로부터 분리되기 때문이다.

이제 조금은 이해할 수 있을 것이다, '생동감 없는' 사진에 대한 불만이 사실은 자신의 무지함에서 비롯된다는 사실을. 사진이 단조롭고 무미건조하게 보이는 진짜 이유는 사진을 볼 때 적당한 거리를 띄우지 않고 또 한쪽 눈으로 봐야 할 것을 양쪽 눈으로 보기 때문이다.

확대경의 신기한 작용

근시를 가진 사람의 경우 평범한 사진을 입체적으로 보는 것이 가능하다. 그렇다면 정상적인 시력을 가진 사람들은 어떨까? 시력이 정상인 사람이 사진을 너무 가까이 당겨 보면 제대로 보이지 않는다. 그래서 이런 사람들은 확대경을 사용해야만 한다. 2배율 확대경을 사용하면 정상적인 시력의 사람도 근시를 가진 사람과 똑같이 입체적인 사진을 볼 수 있다.

확대경을 통해 한쪽 눈으로 보는 사진이 왜 입체적으로 보이는지 이제야 그 이유를 알 수 있을 것이다. 물론 널리 알려진 사실이긴 하지만 현상에 대한 올바른 설명을 들을 기회가 없었기 때문이다.

한편 장난감 가게에서 파는 '요지경'(확대경이 달린 조그만 구멍을 통하여 속에 들어 있는 여러 가지 그림을 돌리면서 들여다보는 장난감--옮긴이)의 흥미로운 작용도 이와 똑같은 원리에 기초하고 있다. 작은 기구 안에 들어 있는 평범한 풍경 사진을 확대경을 통해 한쪽 눈으로 들여다보는 것이다. 사실 이것만으로도 입체감을 얻기에는 충분하다. 하지만 사진 전경에 위치한 일부 사물들이 사진 앞쪽으로 분리되어 나오면서 착시 현상이 더 강해지게 된다. 우리의 눈은 가까운 곳에

있는 사물의 입체감에는 민감하지만 멀리 있는 사물의 입체감에 대해서는 그리 민감하지 못하기 때문이다.

사진을 확대시키자

정상적인 시력을 가진 사람이 확대경의 도움 없이 사진을 제대로 감상할 수 있는 방법이 없다는 말인가? 아니다, 방법은 있다. 초점거리가 긴 대물렌즈를 사용한다면 얼마든지 가능한 일이다. 앞에서 설명한 대로라면 초점거리 25-30cm의 대물렌즈로 촬영할 경우 일반적인 거리에서도 충분히 입체감 있는 사진을 감상할 수 있다(물론 이때도 한쪽 눈으로 봐야 한다).

어디 그뿐이겠는가, 양쪽 눈으로 멀리서 봐도 결코 평면적으로 보이지 않는 그런 사진도 찍을 수가 있다. 이미 설명한 바와 같이 양쪽 눈으로 사물을 볼 경우 두 개의 동일한 이미지가 각각의 눈에 들어오고 이때 우리의 의식이 두 이미지를 결합시켜 하나의 평면적인 사진을 만들어낸다. 하지만 이러한 경향은 거리가 멀어질수록 현저히 약화된다. 실제로 초점거리 70cm의 대물렌즈로 사진을 찍게 되면 두 눈으로 직접 보아도 원근감이 살아 있는 생생한 사진을 감상할 수 있다.

그러나 초점거리가 긴 대물렌즈를 마련하는 것도 쉬운 일은 아니다. 그래서 일반 카메라로 찍은 사진을 확대하는 방법을 소개하려

고 한다. 일반 카메라로 찍은 사진을 확대하면 올바른 사진 감상에 필요한 거리도 함께 늘어나게 된다. 가령 초점거리 15cm의 대물렌즈로 찍은 사진을 4-5배 확대하면 60-75cm의 거리에서 양쪽 눈으로 사진을 보더라도 충분히 원하는 효과를 얻을 수 있다. 물론 확대를 하고 나면 사진의 선명도가 다소 떨어지긴 하겠지만 거리가 멀어 눈에 잘 띄지 않고 따라서 시각적 인상을 크게 방해하지는 않을 것이다.

극장에서 가장 좋은 자리는?

영화관을 자주 찾는 사람들은 종종 색다른 입체감으로 눈길을 끄는 영화들을 관람하게 된다. 여러 가지 형상들이 후경과 분리되어 앞으로 두드러져 나오기 때문에 마치 실제의 풍경과 살아 있는 배우들을 보는 듯한 느낌을 받게 되는 것이다.

이런 종류의 입체감은 사실 영화필름 자체의 특성이라기보다는 관객이 앉아 있는 자리에 의해 좌우된다. 영화필름의 경우 초점거리가 아주 짧은 카메라로 제작되지만 스크린에 영사될 때는 약 100배로 확대되기 때문에 먼 거리에서 양쪽 눈으로 봐도 아무런 문제가 없다(10cm×100=10m). 특히 촬영할 때 카메라가 실물을 '바라보았던' 각도와 동일한 각도로 영화를 관람하면 그 입체감이 극대화되고 이때 우리는 자연 상태의 원근감을 느끼게 된다.

그렇다면 그런 각도로 영화를 본다고 했을 때 최적의 거리는 어떻게 구할 수 있을까? 우선 스크린의 정 중앙을 마주볼 수 있는 곳에 자리를 잡아야 한다. 그리고 스크린에서 좌석까지의 거리가 스크린의 폭보다 길어야 하는데 그 배수는 대물렌즈의 초점거리가 영화필름의 폭보다 긴 배수만큼이어야 한다.

영화필름 제작에 사용되는 카메라는 비록 촬영 성격에 따라 그 초점거리를 달리하긴 하지만 일반적으로 35mm, 50mm, 75mm, 100mm의 초점거리를 갖는다. 그리고 필름의 폭은 24mm가 일반적이다. 따라서 75mm의 거리에 초점을 맞춘다고 하면 다음과 같은 비율이 나오게 될 것이다.

$$\frac{\text{구하는 거리}}{\text{스크린의 폭}} = \frac{\text{초점거리}}{\text{필름의 폭}} = \frac{75}{24}$$

따라서 스크린으로부터 어느 정도의 거리를 두고 앉는 것이 가장 적당한지 알고 싶다면 스크린 폭의 약 3배가 되는 거리를 계산하면 된다. 가령 스크린에 영사되는 이미지의 폭이6걸음이라고 하면 영화를 감상할 수 있는 최적의 자리는 스크린으로부터 18걸음 떨어진 곳이 된다.

영화에 입체감을 더해 주는 여러 장치들을 고안할 때 이런 점을 간과해서는 안될 것이다.

화보 잡지 애독자들을 위한 팁!

책이나 잡지에 실린 '복제된 사진' 역시 원본 사진과 똑같은 특성을 지니기 때문에 적당한 거리를 두고 한쪽 눈으로 볼 경우 원본 사진과 똑같은 입체감을 느낄 수 있다. 하지만 잡지에 나오는 수많은 사진들은 다양한 카메라들, 즉 다양한 초점거리를 가진 카메라들로 촬영되었기 때문에 각각의 사진을 제대로 감상하기 위해서는 역시 각각의 사진에 알맞은 감상 거리를 찾아내야만 한다. 먼저 한쪽 눈을 감은 다음 사진이 쥐어져 있는 손을 앞으로 쭉 뻗어 보자. 이때 사진의 평면이 시선에 수직이 되어야 하고 또 다른 한쪽 눈으로는 사진의 정 중앙을 봐야 한다. 자 이제 한쪽 눈으로 사진을 보면서(사진에서 눈을 떼면 안된다) 사진이 쥐어져 있는 손을 눈 쪽으로 서서히 끌어당겨 보자. 사진이 가장 입체적으로 보이는 순간을 쉽게 찾을 수 있을 것이다.

그냥 볼 때는 평면적이고 선명하지 못한 사진들이지만 이 방법을 이용하면 입체적인 사진으로 변하는 것이다.

그런데 놀라운 것은 지금 설명하고 있는 것들 거의 모두가 이미 반세기 전에 유명 저서들을 통해 소개되었음에도 불구하고 이런 기

본적인 것들을 아는 사람이 거의 없다는 사실이다. 1877년 러시아어 번역본으로 출간된 V. 카펜터의 《정신생리학입문》 중에서 사진 감상법에 관해 설명하는 부분을 읽어 보기로 하자.

> '한쪽 눈으로 사진 보기'를 하면 사물의 입체감이 강조될 뿐만 아니라 사물의 다른 특성들 또한 생동감 있게 드러난다. 이것은 주로 고여 있는 물의 이미지와 관련이 있는데, 가령 고여 있는 물을 사진으로 찍은 다음 사진 속 이미지를 '양쪽 눈으로' 보면 물 표면이 마치 왁스를 칠한 것처럼 보인다. 하지만 '한쪽 눈으로' 보면 물 표면이 놀라울 정도로 투명하게 보일 뿐만 아니라 입체적으로 보이기까지 한다. 빛을 반사하는 표면들, 가령 청동이나 상아의 표면도 마찬가지의 특성을 갖는다. 사진에 형상화된 사물이 어떤 재료로 만들어졌는지 더 잘 알아보기 위해서는 양쪽 눈이 아닌 한쪽 눈으로 봐야 하는 것이다.

끝으로 또 한가지 주의해야 할 점을 일러두겠다. 사진을 확대하면 생동감이 더해지지만 반대로 사진을 축소하면 생동감은 떨어질 수밖에 없다. 축소된 사진이 더 선명하게는 보이겠지만 대신 입체감을 잃어 평면적인 사진이 되고 마는 것이다. 앞에서 설명한 것처럼 사진을 축소시키면 그렇지 않아도 짧은 원근거리까지 함께 줄어들기 때문이다.

그림 보는 방법

앞서 사진에 관해 설명한 것들 중에는 그림에 적용될 수 있는 것들도 있다. 그림 역시 적당한 거리를 두고 볼 때 비로소 원근감 있고 입체적인 그림이 되는데 특히 작은 크기의 그림을 볼 때는 한쪽 눈으로 보는 것이 좋다.

영국 심리학자 V. 카펜터가 자신의 저서 《정신생리학입문》에서 설명한 것을 읽어보자.

> 원근, 빛, 음영, 디테일의 전체적인 배치가 실제와 정확히 일치하는 그림을 볼 때 한쪽 눈으로 보게 되면 훨씬 더 생생한 느낌을 받을 수 있다는 것은 이미 오래 전부터 알려져 있는 사실이다. 하지만 이런 사실을 제대로 설명한 예는 아직까지 찾아보기가 힘들다. 베이컨은 '양쪽 눈으로 볼 때보다 한쪽 눈으로 볼 때 더 잘 보이는 것은 정신이 한 곳에 집중되기 때문이다'라고 했다.

한쪽 눈으로 볼 때 우리는 멀고 가까움 그리고 밝고 어두움을 더 잘 느낄 수 있다. 따라서 한쪽 눈으로 뚫어지게 보고 있으면 그 그림이 입체적으로 보이는 것은 물론이고 심지어 실제 풍경을 보는 듯

한 느낌까지 받게 된다(사물이 얼마나 정확하게 투영되느냐에 따라 착시 현상의 정도가 달라진다). 요컨대 한쪽 눈으로 그림을 보고 있으면 우리의 의식은 그것을 평면적으로 봐야 한다는 강박관념에서 벗어나 아주 자유롭게 그림을 해석하는 것이다.

끝으로 한가지 더 일러둘 것은, 큰 그림을 사진으로 찍은 다음 그 사진을 다시 작게 축소시키면 축소된 사진이 원본 그림보다 더 입체적으로 보일 때가 있는데 그 이유는 그림이 축소되면서 '올바른 감상에 필요한' 거리도 함께 줄어들어 가까운 거리에서도 입체감을 느낄 수 있기 때문이다.

입체경은 무엇에 쓰는 물건일까?

그림에 관한 이야기는 이쯤 해두고 이제 입체적인 물체로 넘어가 보자. '왜 사물은 평면적으로 보이지 않고 입체적으로 보이는 것일까? 망막에 맺히는 상이 평면적인데 어째서 우리는 그것을 3차원적인 물체로 지각하는 것일까?'

원인은 다음과 같다. 첫째, 사물의 각 부분에 대한 조명의 정도가 달라 우리의 의식이 사물의 형태를 판단할 수 있기 때문이다. 둘째, 눈의 긴장 때문인데 이런 긴장은 입체적 물체의 각 부분, 즉 눈과의 거리가 서로 다른 각 부분들을 명료하게 지각하려고 할 때 일어난다. 평면적 그림의 각 부분은 눈과 동일한 거리에 있지만 공간 속에 있는 대상의 각 부분은 눈과의 거리에서 서로 차이를 보이게 된다. 따라서 거리가 제 각각인, 대상의 각 부분을 선명하게 보기 위해서는 우리의 눈도 각 부분과의 거리에 맞게 조정될 수밖에 없는 것이다. 하지만 정작 물체가 입체적으로 보이는 데 결정적인 역할을 하는 것은 '하나의 물체를 바라볼 때 양쪽 눈에 맺히는 상이 서로 다르다'는 점이다. 가령 가까운 곳에 있는 물체를 한번은 왼쪽 눈을 감고 보고 또 한번은 오른쪽 눈을 감고 보면, 즉 두 눈으로 번갈아 보

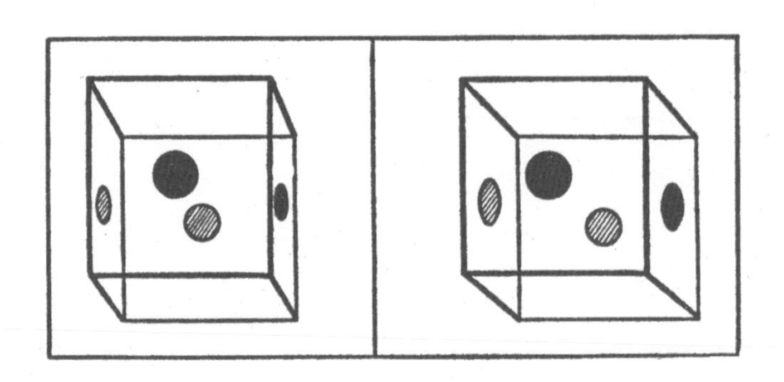

그림 3. 오른쪽 눈으로 본 투명유리 큐브와 왼쪽 눈으로 본 투명 유리 큐브

게 되면 그 차이를 확연히 느낄 수 있다. 결국 이러한 차이가 의식에 의해 해석되면서 입체감이 생기게 되는 것이다(그림 1과 3).

좀 더 구체적으로 설명하면 이렇다. 똑같은 사물을 묘사한 두 개의 그림이 있다고 가정해 보자. 하나는 왼쪽 눈에 보이는 사물을 그리고 다른 하나는 오른쪽 눈에 보이는 사물을 나타내는데 만일 두 그림을 볼 때 오른쪽 눈과 왼쪽 눈이 각각 '자신'의 그림만 볼 수 있도록 한다면 우리는 두 개의 평면적 사진 대신 하나의 입체적 물체를 보게 될 것이다(한쪽 눈으로 볼 때보다 더 입체적으로 보일 것이다). 이처럼 '쌍을 이루는 그림'을 볼 수 있게 만든 장치가 바로 입체경이다. 과거의 입체경이 거울을 이용해 두 개의 이미지를 결합시켰다면 최신 입체경에서는 볼록한 유리 프리즘이 이용되고 있다. 프리즘이 빛을 굴절시킴으로써 두 개의 이미지가 서로 겹쳐지는 것이다

(볼록한 프리즘이기 때문에 상이 약간 확대되어 보인다).

대부분의 독자들이 풍경을 담은 다양한 입체 사진을 보았을 것이라 판단되기 때문에 이제부터는 입체경이 적용된 사례들 중 독자들이 잘 알지 못하는 것들에 대해서만 설명하기로 하겠다

우리 몸의 입체경

특별한 장치가 없어도 얼마든지 입체적 이미지를 볼 수 있는 방법이 있다. 시선을 올바르게 향하는 습관이 그것인데, 이런 습관을 들여 놓으면 입체경을 사용할 때와 똑같은 효과를 볼 수 있다(다만 이미지가 확대되지 않는다는 차이점이 있다).

지금부터 여러분은 점차 난이도를 더해 가는 입체적 그림들을 보게 될 텐데 이것들을 육안으로 보는 연습을 몇 차례 하고 나면 분명 좋은 결과가 있을 것이라 믿는다.*

두 개의 점이 있는 그림 4부터 시작해 보자. 먼저 그림을 눈 앞에 두고 몇 초 동안 두 점 사이에 시선을 고정시켜야 하는데 이때 여러분은 그림 뒤쪽의 무언가를 멀리 바라본다는 느낌으로 봐야 한다. 그러면 두 개의 점이 각각 둘로 나뉘면서 여러분의 눈에는 두 개가 아닌 네 개의 점이 보일 것이다. 그 다음에는 바깥쪽 두 개의 점이 멀리 사라지고 안쪽 두 개의 점이 하나로 합쳐지게 된다. 그림 5와 6 역시 똑같은 방법으로 봐야 한다. 그림 6의 경우 두 개의 이미지

* 누구나 다 사물을 입체적으로 볼 수 있는 것은 아니다(입체경으로 볼 때도 그렇다). 가령 사시를 가진 사람이나 한쪽 눈으로 일하는 데 익숙해진 사람에게는 입체적으로 보는 것이 여간 어려운 일이 아니다. 어떤 사람들은 오랜 연습 끝에 이 방법을 터득하고 또 어떤 사람들은 아주 빨리 습득하는데 젊은 사람들의 경우 15분만에 요령을 익힐 수도 있다.

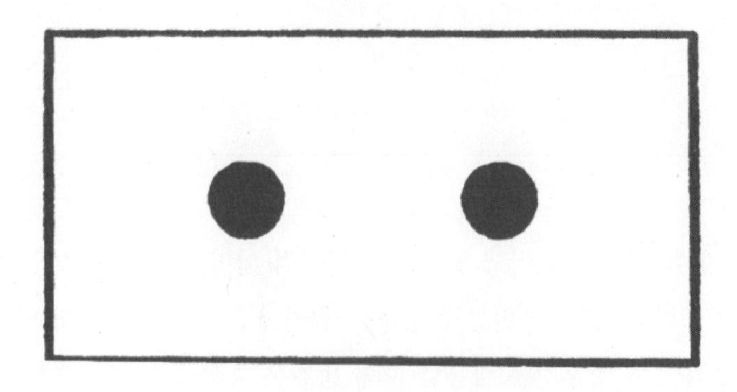

그림 4. 몇 초 동안 두 개의 점 사이에 시선을 고정시켜 보자.
두 개의 점이 하나의 점으로 합쳐질 것이다.

가 하나로 합쳐지면서 마치 멀리 뻗어나가는 기다란 관 내부를 보는 듯한 느낌을 준다.

그림 5. 이 그림 역시 위와 똑같은 방법으로 봐야 한다.
여기서도 두 개의 점이 하나로 합쳐진다면 다음 연습으로 넘어가도 좋다.

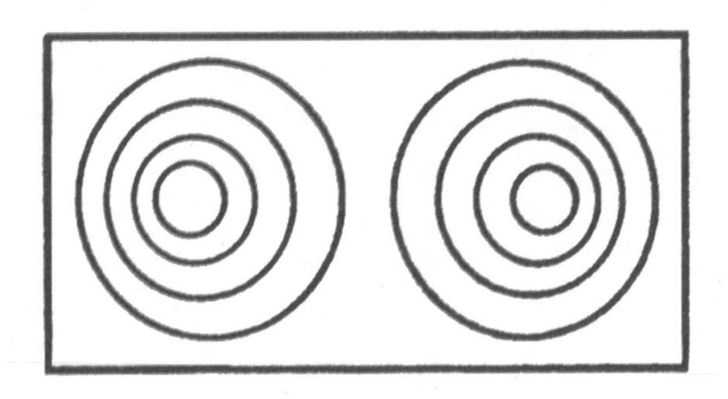

그림 6. 두 개의 이미지가 합쳐지면 여러분은 멀리 뻗어나가는,
관의 내부를 보게 될 것이다.

여기까지 성공했다면 이제 그림 7으로 넘어가 보자. 이 그림에서 여러분은 공중에 떠 있는 기하학적 도형들을 보게 될 것이다. 그리고 그림 8에서는 석조건물의 기다란 복도(또는 터널)을 보게 될 것이고 그림 9에서는 어항의 투명한 유리를 보는 듯한 착시 현상에 매료

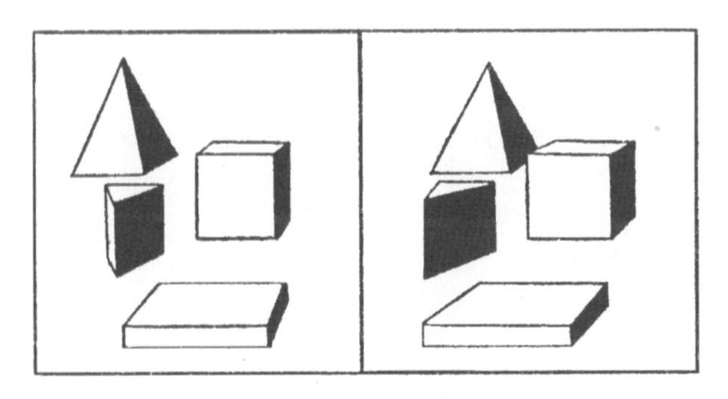

그림 7. 이미지가 합쳐질 때 네 개의 기하학적 도형이 마치
공중을 날아다니는 듯이 보인다.

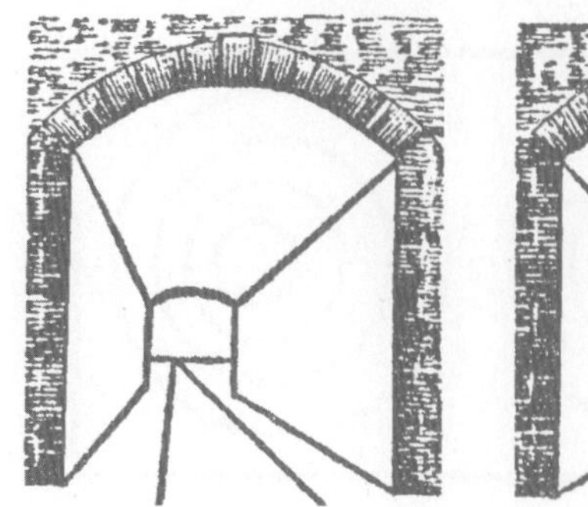

그림 8. 멀리 뻗어나가는 기다란 터널.

될 것이다. 끝으로 그림 10에서는 마치 바다의 풍경을 보는 듯한 느낌이 들 것이다.

이처럼 '쌍을 이루는 이미지' 보기가 그리 어려운 일은 아니다. 내가 아는 사람들 중에는 짧은 시간 안에 몇 번의 시도만으로 요령을 터득한 사람도 많다. 그리고 안경 낀 사람들(근시안 또는 원시안의

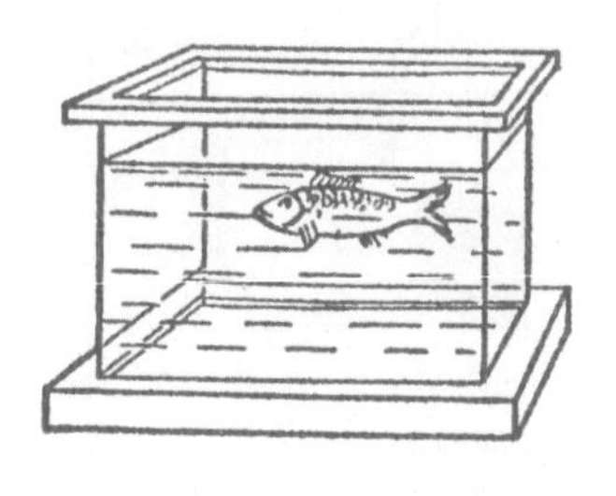
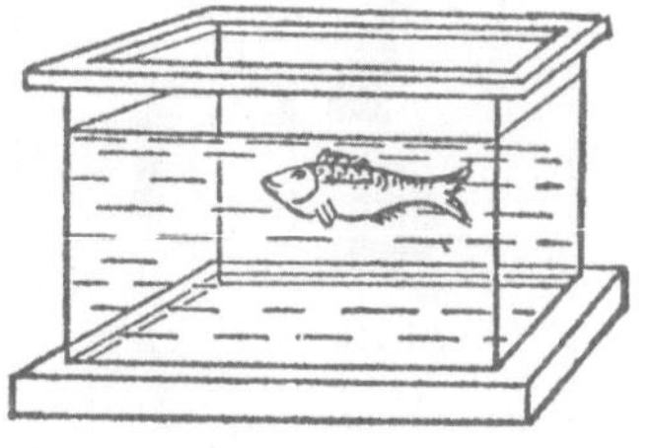

그림 9. 어항 속의 물고기.

그림 10. 바다의 입체적 풍경.

사람들)의 경우도 적당한 거리를 찾을 때까지 그림을 눈 가까이 끌어당기거나 눈에서 멀리 떨어뜨려서 (단 조명이 밝아야 성공할 확률이 높다) 안경을 벗지 않고 그냥 보통 그림 보듯이 이미지를 볼 수도 있다.

입체경을 사용하지 않고 그림을 보는 데 익숙해 졌다면 이제 별다른 장치 없이 일반적인 입체 사진을 보는 데에도 익숙해지게 될 것이다. 이후에 소개할 사진들(그림 11, 14) 역시 육안으로 보는 연습을 할 텐데 여러분의 눈을 혹사시키지 않으려면 연습에 너무 몰입하지 않는 것이 좋을 것이다.

만약 아무리 애를 써도 육안으로 보는 데 익숙해지지 않는다면 원시안용 안경 유리를 이용하는 방법도 있다. 마분지에 두 개의 구멍을 뚫고 안경의 두 유리가 그 구멍 위로 가도록 하여 마분지와 안경을 붙이는 것이다(이때 두 개의 그림 사이에는 칸막이 같은 것이 있어야 한다). 이렇게 간단하게 만든 입체경으로도 얼마든지 입체 사진을 볼 수 있다.

한쪽 눈 보기와 양쪽 눈 보기

그림 11의 위쪽 왼편 사진에 크기가 똑 같아 보이는 세 개의 유리병 사진이 보인다. 육안으로 봐서는 어느 것이 더 크고 어느 것이 더 작은지 알 수가 없다. 하지만 차이는 분명히 존재한다. 그것도 아주 뚜렷한 차이가. 사실 세 유리병의 크기가 모두 똑 같아 보이는 이유는 눈 또는 카메라로부터 떨어져 있는 거리가 모두 다르기 때문이다(큰 병이 작은 병보다 더 멀리 놓여 있다). 그렇다면 세 개의 유리병 중 어느 것이 가까이 있고 또 어느 것이 멀리 있는 걸까?

여기서 우리는 입체경을 사용하거나 아니면 앞에서 설명한 것과 같은 '입체적으로 보기'를 시도해야 한다. 그러면 세 유리병 중 제일 왼쪽의 병이 가운데 병보다 훨씬 멀리 놓여 있고 또 가운데 병은 오른쪽의 병보다 더 멀리 놓여 있다는 것을 알게 된다(세 유리병의 실제 크기는 그림의 오른쪽 사진에서 확인할 수 있다).

그림 11의 아래쪽에는 더욱 인상적인 사진이 있다. 꽃병, 양초, 시계를 늘어놓고 찍은 사진인데 여기서 두 개의 꽃병과 두 개의 양초는 그 크기가 완전히 똑같은 것처럼 보인다. 하지만 실제로는 두 꽃병과 두 양초의 크기가 모두 다르다. 왼쪽의 꽃병이 오른쪽 꽃병보

그림 11. 육안으로 봤을 때(왼쪽 두 개의 사진)와
입체경으로 봤을 때(오른쪽 사진)의 차이.

다 거의 두 배 더 키가 크고 또 왼쪽의 양초는 오른쪽의 양초와 시계보다 훨씬 더 키가 작다. 물론 이 사진을 입체적으로 본다면 왜 그런지 금방 이해할 수 있다. 꽃병, 양초, 시계가 나란히 늘어서 있지 않고 저마다 (사진기로부터) 다른 거리에, 즉 큰 것은 멀리 작은 것은 가까이에 놓여 있기 때문이다. 이렇게 해서 '양쪽 눈의 입체적 보기'가 '한쪽 눈으로 보기'보다 더 낫다는 것이 아주 설득력 있게 입증된 것 같다.

간단하게 모조품 가려내기

두 장의 완전히 똑같은 그림, 가령 검은색 정사각형을 똑같이 그려 놓은 두 장의 그림이 있다고 하자. 만일 두 그림을 입체경으로 본다면 우리 눈에는 각각의 그림과 완전히 똑같은 하나의 그림, 즉 하나의 검은색 정사각형이 보이게 될 것이다(각각의 정사각형 안에 하얀 점이 찍혀 있다면 이 하얀 점까지도 하나의 점으로 합쳐져 보이게 된다). 그런데 여기서 잠깐! 둘 중 어느 한쪽의 정사각형에서 중앙의 하얀 점을 옆으로 약간 옮겨 놓으면 아주 뜻밖의 효과가 나타난다. 하나의 점으로 합쳐져 보이는 것은 마찬가지인데 이번에는 그 위치가 정사각형의 가장자리가 아닌 정사각형의 앞이나 뒤가 된다는 점이다. 두 그림이 갖는 아주 사소한 차이도 입체경 속에서는 충분히 '깊이감(impression of depth)을 만들어낼 수 있다.

그래서 위조지폐나 위조된 신분증을 가려낼 때 이런 방법이 사용되는데, 가령 진폐와 위폐를 나란히 놓고 그것을 입체경으로 들여다보면 아무리 절묘하게 위조된 지폐라 해도 얼마든지 가려낼 수 있다. 지폐 위의 글자나 선들이 배경의 앞 또는 뒤에서 드러나기 때문에 두 지폐가 갖는 아주 사소한 차이도 쉽게 눈에 띄는 것이다.

사물이 아주 멀리, 가령 450m 이상 떨어져 있으면 두 눈 사이의 거리는 더 이상 시각적 인상에 영향을 주지 못한다. 그래서 멀리 있는 건물과 산 그리고 멀리 보이는 풍경 등은 우리 눈에 평면적으로 보일 수밖에 없는 것이다. 같은 이유로, 하늘에 떠 있는 천체들 역시 모두 동일한 거리에 놓여 있는 것처럼 보이지만 실제로 달은 다른 행성들보다 훨씬 더 가까운 곳에 있고 또 행성들은 항성들보다 아주 가까운 곳에 있다.

450m 이상 떨어져 있는 사물을 육안으로 본다면 우리는 전혀 입체감을 느낄 수가 없다. 두 눈동자 사이의 거리 6cm는 450m라는 거리와 비교했을 때 턱없이 짧은 거리에 불과하기 때문에 결국 오른쪽 눈과 왼쪽 눈에 똑같은 상이 맺히게 되는 것이다. 따라서 이런 조건에서 촬영된 입체적 사진들이 완전히 동일하고 또 입체경으로 봐도 아무런 입체감을 느낄 수 없는 것은 당연한 일이다.

하지만 방법이 전혀 없는 것은 아니다. 예를 들어 멀리 떨어져 있는 하나의 대상을 두 지점에서 촬영하는 방법이 있는데 이때 두 지점간의 거리는 두 눈 사이의 '정상 거리'보다 훨씬 더 멀어지게 된다. 이렇게 촬영된 사진을 입체경으로 보면 우리는 두 눈 사이의 거리가 '정상 거리'보다 훨씬 멀 경우에만 볼 수 있는 그런 풍경을 보게 된다. 입체사진 촬영의 비밀이 바로 여기에 있는 것이다.

이쯤 되면 여러분은 '두 개의 경통(鏡筒)을 갖는 장치를 만들면 되겠다'는 생각을 하게 될 것이다. 여러분의 생각이 맞다. 바로 그런 장치를 이용함으로써 우리는 마치 실물을 보듯 입체적인 풍경을 볼 수 있는 것이다. 실제로 그런 장치(입체 망원경)가 존재하는데, 두 개의 경통(鏡筒) 사이의 거리가 두 눈의 정상 거리보다 더 멀고 또 두 개의 이미지가 반사 프리즘을 통과하여 우리 눈에 들어오는 구조로 되어 있다(그림 12). 이 장치를 들여다볼 때의 기분은 정말이지 말로 표현하기가 어렵다. 자연의 모든 풍경이 더 이상 평면에 갇혀 있지 않고 완전히 탈바꿈해 버리는 것이다. 멀리 있는 산들이 입체적으로 보이고, 나무, 암벽, 건물 그리고 바다 위의 배들이 모두 동그랗

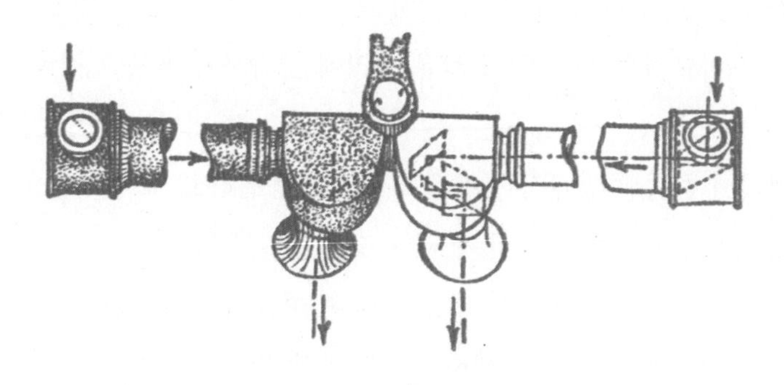

그림 12. 입체 망원경의 경통.

게 보이며 또 주위의 모든 것들이 광활한 공간 속에 펼쳐진다. 이제 여러분은 평범한 경통(鏡筒)으로 보면 움직이지 않는 것처럼 보이는 배가 실제로 움직이는 장면을 목격하게 된다. 옛이야기 속의 거인들이 지상의 풍경을 바라보았던 그런 식으로 말이다.

망원경의 배율이 10배이고 두 대물렌즈간의 거리가 두 눈동자 사이의 정상 거리보다 6배 더 멀다면(즉, 6.5×6=39cm) 우리가 지각하는 이미지는 육안으로 볼 때보다 6×10=60배 더 깊이감을 얻게

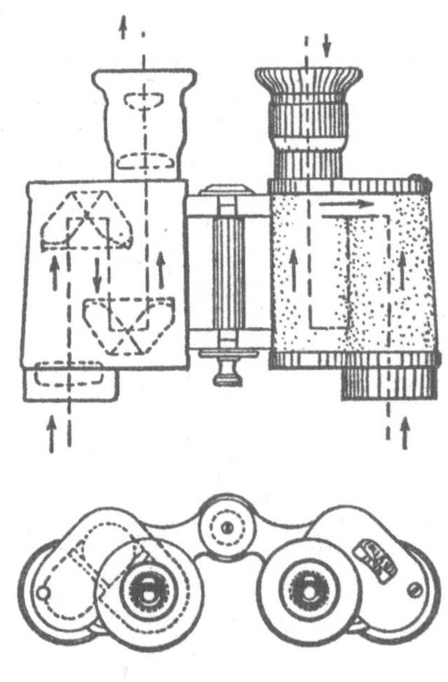

그림 13. 프리즘 쌍안경

된다. 25km라는 먼 거리에서도 사물이 선명한 입체감을 얻게 되는 원리가 바로 여기에 있는 것이다.

토지측량인과 선원들 그리고 포병과 여행자들에게는 이런 망원경이 정말 중요한 역할을 한다. 특히 거리를 측정할 수 있는 눈금자까지 갖춰져 있다면 더욱 그렇다(입체거리계).

자이스(Zeiss: 독일 광학정밀기기 제조회사--옮긴이) 프리즘 쌍안경으로도 이와 비슷한 효과를 볼 수 있다. 왜냐하면 두 대물렌즈간의 거리가 두 눈 사이의 정상 거리보다 더 멀기 때문이다(그림 13). 이와 반대로 극장 관람용 쌍안경의 경우에는 입체감을 떨어뜨리기 위해 두 대물렌즈간의 거리가 더 짧아지는데, 이것은 무대장치가 따로 떨어져 있다는 느낌을 주지 않기 위해서이다.

입체경으로 바라본 우주

입체망원경으로 달이나 행성을 볼 때 우리는 그 어떤 입체감도 느낄 수가 없다. 그것은 우주 공간의 거리가 입체망원경으로도 어쩔 수 없을 만큼 너무도 광대하기 때문이다. 지구에서 다른 행성까지의 거리와 비교한다면 입체망원경의 두 렌즈 사이의 거리 30~50cm는 정말이지 보잘것 없는 거리가 아닐까? 설사 두 렌즈간의 거리가 수십, 수백 킬로미터에 달한다 해도 수천만 킬로미터의 거리에 있는 행성들을 볼 때는 아무런 효과도 기대할 수가 없는 것이다.

하지만 여기서 다시 한번 입체사진의 도움을 받을 수 있다. 예를 들어 어떤 행성의 사진을 하루의 간격을 두고 촬영했다고 하자. 이때 두 장의 사진은 비록 지구상에서는 동일한 지점에서 촬영되었지만 태양계 전체로 봤을 때는 서로 다른 지점에서 촬영된 것이라고 볼 수 있다. 왜냐하면 지구가 공전을 하여 단 하루 만에 수백만 킬로미터를 이동했기 때문이다. 따라서 두 사진은 똑같지 않을 것이고 또 이 두 사진을 입체경으로 본다면 여러분은 평면적 이미지가 아닌 입체적 이미지를 보게 될 것이다.

오늘날 입체경은 새로운 행성들, 특히 화성과 목성 궤도 사이의 수많은 소행성들을 발견하는 데 사용되고 있다. 얼마전까지만 해도 소행성을 찾아내는 것은 뜻밖의 행운이 따라야만 가능한 일이었는데 이제 서로 다른 시간에 촬영된 두 장의 사진을 입체적으로 비교하는 것만으로도 얼마든지 소행성을 포착할 수 있게 되었다(입체경으로 보면 새로운 소행성이 전체 배경으로부터 뚜렷이 드러나게 된다).

입체경은 위치의 차이뿐 아니라 명도의 차이까지도 감지해낸다. 그래서 입체경은 광도가 주기적으로 변하는, 이른바 변광성(變光星)을 발견하는 데 유용한 수단이 되고 있다. 만일 하늘의 천체들을 촬영한 두 장의 사진에서 특정한 별의 밝기가 동일하지 않을 경우 입체경이 이 사실을 곧바로 천문학자에게 알려주는 것이다.

세 개의 눈으로 본다

세 개의 눈으로 볼 수 있을까? 또 하나의 눈이 생긴다는 것이 정말 가능한 일일까? 물론 과학적으로는 전혀 불가능한 일이 될 것이다. 하지만 바로 그 과학의 힘을 빌어 우리는 인간이 세 번째 눈을 가졌을 경우 주위의 사물들이 어떻게 보이게 될지 미루어 짐작할 수 있다.

예를 들어 어떤 사람이 한쪽 눈을 잃었다고 하자. 하지만 한쪽 눈을 잃었다고 해서 이 사람이 입체사진을 볼 수 없는 것은 아니다. 오히려 자신의 눈으로 직접 봤을 때는 느끼지 못했던 그런 입체감을 느낄 수 있다. 자, 어떻게 하면 될까? 먼저 오른쪽 눈과 왼쪽 눈을 위한 두 장의 사진을 고속으로 교체시키면서 스크린에 투사해야 한다. 쉽게 말하자면, 두 눈이 멀쩡한 사람에게는 동시에 보여야 할 것이 한쪽 눈만 멀쩡한 사람에게는 순차적으로 보이게 되는 것이다. 하지만 동시에 보이는 시각적 인상의 경우와 마찬가지로 고속으로 교체되는 시각적 인상 역시 하나의 이미지로 합쳐지기 때문에 결과는 똑같아질 수밖에 없다.*

* 우리는 가끔 놀라울 정도의 입체감을 자랑하는 영화를 보게 되는데 이것은 앞서 설명한 이유 외에도 여기서 설명하고 있는 효과에 의해서도 부분적으로 설명이 가능하다. 즉 촬영 중인 카메라가 일정한 템포로 가볍게 흔들리면 서로 다른 장면들이 촬영될 것이고 이렇게 촬영된 장면들이 스크린 위에서 빠른 속도로 교체되면 우리의 의식이 그것을 입체적 이미지로 만들어 내는 원리이다.

만일 그렇다면 두 눈 다 멀쩡한 사람은 이 모든 것들을 동시에 볼 수 있지 않을까? 한쪽 눈으로는 고속으로 교체되는 두 장의 사진을 보고 또 다른 눈으로는 세 번째 시점에서 촬영된 또 한 장의 사진을 보는 것이다.

다시 말해서, 하나의 사물로부터 세 장의 사진, 즉 세 개의 상이한 시점(마치 세 개의 눈으로 보듯이)에 상응하는 사진들이 촬영된다는 말이다. 이렇게 촬영된 세 장의 사진 중 두 장의 사진이 고속으로 교체되고 이것이 관찰자의 한쪽 눈에 작용해 하나의 복합적인 입체 이미지로 합쳐지게 된다. 그리고 이 이미지에 세 번째의 시각적 인상(세 번째 사진을 보고 있는 다른 한쪽의 눈이 얻게 되는 시각적 인상)이 다시 합쳐지는 것이다.

만일 이런 조건이라면 우리는 비록 두 개의 눈으로 보긴 하지만 시각적 인상은 마치 세 개의 눈으로 보았을 때처럼 된다. 그리고 바로 그때 입체감은 극대화되는 것이다.

그림 14는 다면체를 입체적으로 묘사한 것이다. 하나는 흰 바탕에 검은색 선으로 그렸고 다른 하나는 검은 바탕에 흰색 선으로 그렸다. 만일 이 두 그림을 입체경을 통해 본다면 과연 어떤 그림이 눈 앞에 펼쳐질까? 답하기가 쉽지 않을 것이다. 그러면 여기서 헬름홀츠(1821-1894, 독일의 물리학자-생리학자-옮긴이)의 설명을 들어보자.

"입체 그림 두 개가 있다. 한쪽에는 흰색의 평면이 묘사되어 있고 다른 한쪽에는 검은색의 평면이 묘사되어 있다. 두 이미지가 결합하여

그림 14. 입체적 광택. 두 그림을 입체적으로 보면 검은 바탕에 반짝이는 크리스탈 이미지가 있는 하나의 그림이 만들어진다.

하나의 평면 이미지로 되면 이제 그 이미지는 광택이 나는 것처럼 보일 것이다(무광택 종이 위에 그렸다 해도 결과는 마찬가지이다). 그리고 크리스탈 모형의 입체 도면을 보고 있으면 마치 반짝이는 흑연으로 만들어진 크리스탈 모형을 보는 듯한 느낌이 든다."

한편 생리학자 세체노프(1829-1905)도 자신의 저서《감각기관의 생리. 시각》(1867)에서 이 현상에 대해 설명하고 있다.

조명의 정도가 서로 다른 두 표면이나 색상이 서로 다른 두 표면을 인위적으로 그리고 입체적으로 결합(입체적 결합)시킬 때 우리는 광택이 나는 물체를 볼 때의 실제적인 조건들과 마주하게 된다. 그렇다면 광택이 없는 표면과 광택이 있는 표면의 차이는 무엇일까? 광택이 없는 표면은 빛을 사방으로 분산시키기 때문에 우리가 볼 때는 어느 방향에서 보아도 항상 동일한 조명을 받는 것처럼 보인다. 반면에 광택이 있는 표면은 빛을 일정한 방향으로만 반사시키기 때문에 가령 한쪽 눈에는 많은 양의 빛(반사된 빛)이 들어오고 다른 쪽 눈에는 빛이 거의 들어오지 않게 되기 때문이다.

결국 광택이란 오른쪽 눈과 왼쪽 눈에 맺히는 상의 밝기가 동일하지 않기 때문에 일어나는 현상인데 만일 입체경이 없었더라면 우리는 그 원인을 알아낼 수 없었을 것이다.

빨리 움직인다면 어떻게 보일까?

앞서 우리는 동일한 사물의 서로 다른 이미지가 우리 눈에서 빠른 속도로 교체되면서 하나의 이미지로 합쳐지고 이때 입체감 있는 시각적 인상이 생겨난다는 것을 알아보았다.

그렇다면 이런 의문이 생긴다.

움직이는 이미지를 고정된 눈으로 볼 때만 그런가 아니면 빠른 속도로 움직이는 눈으로 고정된 이미지를 볼 때도 마찬가지 현상이 일어나는가?

예상대로 후자의 경우에도 입체적 효과는 나타난다. 아마 많은 독자들이, 고속열차 안에서 촬영된 영화필름이 놀라운 입체감을 갖는다는 사실을 잘 알고 있을 것이다(입체경으로 보았을 때의 입체감에 절대 뒤지지 않는다). 예컨대 고속으로 달리는 열차나 자동차 안에서 얻게 되는 시각적 인상에 각별한 주의를 기울이면 이런 사실을 쉽게 확인할 수 있다.

열차가 질주할 때 차창 너머로 보이는 풍경이 멋지게 보이는 것은 바로 이 때문이 아닐까? 먼 곳의 풍경이 뒤로 스쳐 지나갈 때 주위에 펼쳐지는 자연의 웅장함이 뚜렷하게 구별되고 또 자동차를 타

고 빠른 속도로 숲을 지나갈 때 온갖 나무들과 가지들과 나뭇잎들이 공간 속에서 뚜렷하게 분리되어(관찰자가 움직이지 않을 때에는 이것들 모두가 하나로 합쳐진다) 지각되는 것이다.

물론 한쪽 눈만 보이는 사람도 이 모든 것을 만끽할 수 있다. 이미 설명한 바와 같이 입체적으로 보기 위해서 반드시 두 눈으로 동시에 지각할 필요는 없다. 서로 다른 그림들이 충분히 빠른 속도로 교체되면서 하나로 합쳐진다면 한쪽 눈만 가지고도 충분히 입체적으로 볼 수 있다.*

지금까지 설명한 것을 직접 확인해 보는 일이 그리 어렵지 않을 것이다. 열차나 버스 좌석에 앉아 우리 눈에 들어오는 것들에 조금만 더 주의를 기울이면 되기 때문이다. 어디 그뿐이겠는가? 어쩌면 100년 전에 발견되었던 또 하나의 놀라운 현상을 목격하게 될지도 모른다. 그것은 바로 차창 밖 가까운 곳에서 스쳐 지나가는 사물들이 작게 축소되어 보이는 현상이다. 하지만 이 현상의 원인을 '입체적 보기'와 연관지어 설명하기는 힘들다. 오히려 '아주 빨리 움직이는 사물을 볼 때 무의식적으로 내리게 되는 그릇된 결론'과 연관이 있다. 사실 우리는 어떤 사물이 우리 쪽으로 가까운 곳에 있을 경우 그 사물의 실제 크기가 눈에 보이는 것보다는 더 작을 것이라고 무의식적으로 판단해 버리기 때문이다.

---

* 왜 하필이면 곡선을 그리며 달리는 열차 안에서 영화를 촬영하는지 그리고 촬영 대상이 곡선의 반경 방향으로 놓여 있을 때 왜 그렇게 입체감이 커지는지 이제 충분히 설명이 된 것 같다. 여기서 말하는 소위 '철도 효과'는 영화 촬영기사들이라면 누구나 알고 있는 것이다.

색안경 끼고 보기

만약 흰 바탕에 붉은색으로 쓴 글자를 붉은색 유리를 통해 본다면 여러분의 눈에는 온통 붉은색의 바탕만 보이게 될 것이다. 왜냐하면 붉은색 글자가 붉은 바탕에 섞여 들어가 붉은색 글자의 흔적을 전혀 알아볼 수 없게 만들기 때문이다. 또 흰 바탕에 하늘색으로 쓴 글자를 역시 붉은색 유리를 통해 본다면 여러분은 붉은 바탕 위의 검은색 글자들을 뚜렷이 볼 수 있을 것이다. 그런데 왜 검은색 글자가 보이는 것일까? 그것은 붉은색 유리가 하늘색 광선을 통과시키지 않기 때문이다(유리가 붉은 이유는 그것이 붉은색 광선만 통과시키기 때문이다). 따라서 하늘색 글자가 있던 자리에는 빛이 사라진 검은색 글자만 남게 되는 것이다.

이른바 '애너글리프 입체사진'(anaglyph)의 작용도 이러한 색유리의 특성에 기초하고 있다. 애너글리프 입체사진의 경우 오른쪽 눈과 왼쪽 눈에 각각 맺히는 두 개의 상이 겹쳐져 인쇄되지만 그 색깔은 서로 다르다(하늘색과 붉은색).

두 가지 색의 입체적 이미지 대신 한 가지 색, 즉 검은색의 입체적 이미지를 보려면 색안경을 껴야 한다. 오른쪽 눈은 붉은색 유리를

통해 하늘색의 흔적만 보게 되고(하늘색의 흔적이란 곧 검은색으로 보인다는 것을 의미한다) 왼쪽 눈은 하늘색 유리를 통해 붉은색의 흔적만 보게 된다(붉은색의 흔적이란 곧 검은색으로 보인다는 것을 의미한다). 즉 두 눈은 각각의 눈에 상응하는 하나의 이미지만을 보게 된다. 이때 입체경의 경우와 똑같은 조건이 주어졌기 때문에 결과도 입체경의 경우와 똑같을 수밖에 없다. 입체감을 느끼게 되는 것이다.

'그림자의 기적'

영화를 통해서 가끔씩 경험하게 되는 '그림자의 기적' 역시 앞에서 살펴본 것과 같은 원리에 기초하고 있다.

'그림자의 기적' 효과란 움직이는 물체의 그림자가 스크린에 투영되었을 때 관객이 착각을 일으키는 효과를 말하는데 이때 관객은 입체적 이미지가 스크린 앞에서 튀어나오는 듯한 느낌을 받게 된다(이때 관객은 2색 안경을 끼고 있다). 쉽게 말하면 2색 입체경의 효과를 이용해서 착시현상을 일으키는 것이다. 나란히 서 있는 두 개의 광원(붉은색과 녹색 램프)과 스크린 사이에 물체가 놓이게 되면 스크린에 두 개의 착색된 그림자가 나타난다. 그리고 관객은 색안경, 즉 붉은색과 녹색의 평면 유리를 가진 색안경을 통해 이 그림자를 보는 것이다.

방금 설명한 것처럼 이런 조건에서는 마치 평면 스크린 앞에서 튀어나오는 듯한 입체적 이미지의 착시현상이 일어나는데 예를 들어 스크린 속에서(그러니까 영화 속이 되겠다) 던져진 물체가 마치 관객을 향해 날아오는 것처럼 보이는 것이다.

사실 이것은 일종의 '거대한 거미'가 관객을 향해 날아가는 것과 같은데 어쨌든 그림 15를 보면 이 장치의 원리가 극히 단순하다는 것을 알 수 있다. 그림에서 3L 과 Kp는 녹색 램프와 적색 램프를 의미한다(그림 왼쪽에 있다). P와 Q는 두 램프와 스크린 사이에 있는 물체들이다. 기호 3L 과 Kp가 붙은 p와 q는 물체 P와 Q의 음영이 착색되어 스크린에 투사된 것이다. P1과 Q1 은 관객이 물체를 보고 있는 위치다(관객은 착색된 필름, 즉 녹색 필름과 적색 필름을 통해 이 물체들을 보고 있다). 스크린 뒤에 숨어 있는 이 가짜 '거미'가 Q에서 P로 옮겨가게 되면 관객 입장에서는 거미가 Q1에서 P1으로 뛰어넘는 듯한 느낌이 드는 것이다.

스크린 뒤에 있는 물체가 광원 쪽으로 접근하면 스크린에 투사되는 그림자의 크기가 확대되어 결국 관객을 향해 뛰어드는 듯한 착시현상이 일어나게 된다. 그러니까 스크린으로부터 날아오는 모든 것들은 사실 정반대의 방향, 즉 스크린 뒤쪽의 광원을 향해 움직이는 것이라고 생각하면 된다.

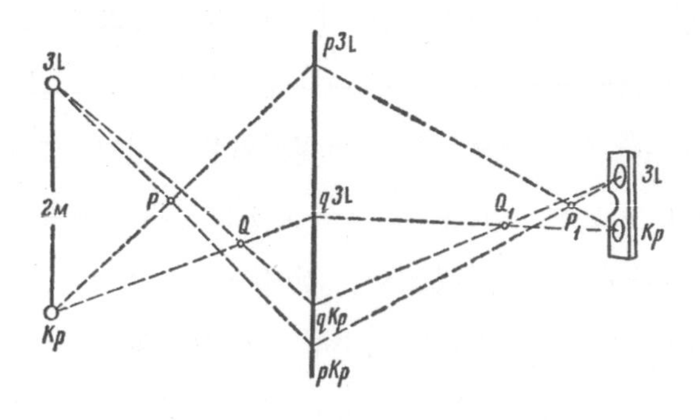

그림 15. '그림자 기적'의 비밀

색깔의 변화

이번에는 한 전시관에서 있었던 흥미로운 실험에 대해 알아보도록 하자(레닌그라드 문화휴식공원의 '재미있는 과학관' 방문객들로부터 호평을 받았던 실험이다). 전시관의 여러 방들 중 하나에 응접실과 같은 가구 배치를 해 놓았다. 녹색 보를 씌운 탁자가 있고 그 위에는 월귤쥬스가 담긴 유리병과 꽃이 있다. 서가에는 책들이 가득 꽂혀 있는데 모든 책의 등표지에는 컬러로 글자가 새겨져 있다. 맨 처음에는 흔히 볼 수 있는 백색 램프가 이 모든 것들을 밝게 비춘다. 그리고 잠시 후 스위치를 돌리면 백색 조명이 적색 조명으로 바뀌는데 이때 응접실에 뜻밖의 변화가 일어난다. 모든 가구가 장밋빛으로 변한다. 녹색의 탁자보는 짙은 보라색으로 변하고 월귤쥬스는 무색으로 바뀐다. 꽃의 색깔도 변해서 전혀 다른 꽃처럼 보인다. 서가에 꽂힌 책의 등표지에서는 컬러 글자들의 일부가 흔적도 없이 사라져 버린다.

잠시 후 다시 한번 스위치를 돌리면 이번에는 응접실이 온통 녹색으로 바뀐다. 그리고 응접실의 모습은 다시 한번 알아볼 수 없을 정도로 변한다.

이 모든 재미있는 변화들은 물체의 빛깔에 대한 뉴턴의 학설을 잘 입증해 준다. 뉴턴이 내세운 학설의 본질은 '물체의 표면은 항상 그것이 흡수하는 광선의 빛깔이 아니라 그것이 분산시키는 광선의 빛깔을 띠게 된다'는 데 있다. 뛰어난 물리학자였던 틴달(John Tyndall:1820-1893, 아일랜드 출신의 물리학자--옮긴이)은 이 명제를 다음과 같이 정의하고 있다.

> 물체를 백색으로 조명할 경우 녹색의 흡수에 의해 적색이 나타나고 적색의 흡수에 의해 녹색이 나타난다. 그리고 두 경우 모두 나머지 색들은 나타나게 된다. 다시 말해서 물체는 네거티브한 방법으로 자신의 색을 얻는다. 색은 '더하기'의 결과물이 아니라 '빼기'의 결과물인 것이다.

따라서 녹색 테이블보가 녹색으로 보이는 것은 이 테이블보가 주로 녹색 광선 그리고 스펙스트럼상에서 녹색 광선에 인접한 광선들을 분산시키기 때문이다(그 밖의 광선들을 분산시키는 정도는 미미하며 대부분의 광선을 흡수해 버린다). 만약 이 녹색 테이블보에 적색 광선과 보라색 광선을 혼합하여 비춘다면 테이블보는 거의 한가지 색, 즉 보라색 광선만 분산시키고 적색 광선의 대부분을 흡수해 버릴 것이다. 그러면 우리의 눈은 짙은 보라색만 느끼게 되는 것이다.

응접실 내부에서 일어나는 또 다른 색들의 변화도 그 원인은 비슷하다. 단 하나 월귤쥬스가 무색으로 변한 것은 설명이 쉽지가 않

다. 어째서 적색의 액체가 적색 조명하에서 무색으로 보이는 것일까? 답은 월귤쥬스가 담긴 유리병이 녹색 테이블보 위의 흰색 냅킨 위에 놓여 있다는 데서 찾을 수 있다. 유리병을 냅킨 위에 두지 않았다면 유리병 속의 액체는 무색이 아니라 적색을 띠었을 것이다. 이 액체가 무색으로 보이는 이유는, 적색 조명하에서 적색으로 변하기는 하지만 우리의 의식 속에서는 여전히 흰색으로 간주되는 냅킨에 인접해 있기 때문이다(우리는 습관적으로 또는 짙은 색 테이블보와의 대비로 인해 냅킨의 색을 여전히 흰색으로 간주한다). 우리가 흰색이라고 착각하는 냅킨의 색이 실제로는 적색을 띠면서 월귤쥬스의 색과 일치하기 때문에 우리는 무의식적으로 월귤쥬스 역시 흰색이라고 느끼게 된다. 결국 월귤쥬스는 더 이상 월귤쥬스가 아닌 무색의 물처럼 보이는 것이다.

책의 높이

여러분을 찾아온 손님에게 다음과 같은 제안을 해보자.

"선생님이 들고 계시는 책을 바닥에 세운다면 책의 높이는 얼마나 될까요? 책의 위쪽 끝이 벽면의 어디쯤에 닿을지 손가락으로 한 번 가리켜 보십시오."

그리고 손님이 벽의 한 지점을 가리키고 나면 여러분이 직접 책을 바닥에 세워보라. 그러면 실제로 책 위쪽의 끄트머리가 벽에 닿는 곳은 손님이 가리킨 지점보다 거의 두 배나 더 낮은 곳이라는 것을 알 수 있다.

이 실험은 손님이 직접 자신의 몸을 구부려 벽면을 가리키지 않고 오직 말로만 설명할 때 성공할 확률이 높다. 물론 책뿐만 아니라 램프, 모자 등 우리가 눈 높이에서 보는 데 익숙해져 있는 물건이라면 무엇이든 실험의 대상이 될 수 있다.

이런 실수를 범하게 되는 이유는, 사물을 세로 방향으로 볼 때 그 사물의 크기가 축소되어 보이기 때문이다(여기서는 벽면을 내려다 볼 때 벽면 아래쪽의 높이가 실제 높이보다 더 낮아 보인다는 것을 의미한다--옮긴이).

시계탑에 걸린 시계의 크기

아주 높은 곳에 있는 물체의 크기를 판단할 때도 우리는 종종 실수를 범하게 된다. 특히 시계탑에 걸린 시계의 크기를 판단할 때 범하는 실수는 아주 전형적이라 할 수 있다. 물론 이런 시계의 크기가 아주 크다는 것은 잘 알고 있지만 실제로는 우리가 평소 생각하는

그림 16. 웨스트민스터 수도원의 시계탑과 보도에 내려놓은 시계 숫자판.

것과 큰 차이를 보인다. 그림 16은 런던 웨스트민스터 수도원에 있는 시계탑의 시계 숫자판을 보도 위에 내려놓은 장면이다.

숫자판 앞에 서 있는 사람이 마치 작은 벌레처럼 보인다. 그리고 멀리 보이는, 시계탑의 뻥 뚫린 구멍(시계가 걸려 있던 자리)의 크기가 이 시계의 크기와 같다는 사실이 정말 믿기지 않을 것이다.

그림 17을 멀리서 본 뒤 다음의 질문에 답해 보자. "위쪽 두 개의 검은 원 중 하나와 아래쪽 검은 원 사이의 빈 공간에 몇 개의 검은 원을 더 집어넣을 수 있을까? 여러분은 분명 "4개는 충분히 들어가겠는데 5개가 들어가기에는 자리는 좀 부족할 것 같다."라고 답할 것이다. 그리고 여러분에게 "이 공간에는 정확히 세 개의 검은 원이

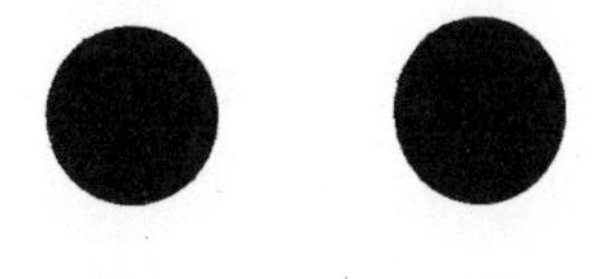

그림 17. 위쪽 두 개의 검은 원 중 하나와 아래쪽 검은 원 사이의 빈 공간이 위쪽 두 원의 바깥쪽 테두리들 사이의 빈 공간보다 더 커 보인다. 하지만 실제로 두 공간의 크기가 같다.

들어간다"라고 한다면 그 말이 도저히 믿기지 않을 것이다. 하지만 종이와 컴퍼스로 직접 원을 그려 넣어 보면 여러분의 생각이 틀렸다는 것을 깨닫게 될 것이다.

착시현상으로 인해 그림의 검은 부분이 같은 크기의 흰 부분보다 더 작아 보이는 것인데, 우리는 이 현상을 광삼(Irradiation: 빛의 번짐--옮긴이)이라 부른다. 이런 현상이 일어나는 이유는 우리의 눈이 광학기기처럼 완벽하지 못하기 때문인데 실제로 눈의 굴절매질을 통해 망막에 맺히는 상은 그 테두리가 선명하지 못하다. 이른바 '구면수차'(한 점에서 나온 광선이 구면 거울에서 반사되거나 렌즈를 통과한 후 한 점에 모이지 않아 상(像)이 선명하지 않게 되는 현상을 말함--옮긴이)에 의해 밝은 윤곽이 밝은 테두리로 둘러싸이게 되고 또 이 밝은 테두리가 망막에 맺히는 윤곽의 크기를 확대시키는 것이다.

자연에 대한 날카로운 관찰력을 지녔던 시인 괴테는 자신의 책 《색에 관한 이론》에서 다음과 같이 쓰고 있다.

"어두운 것은 같은 크기의 밝은 것보다 더 작아 보인다. 검은 바탕 위의 흰색 원과 흰 바탕 위의 검은색 원(검은색 원과 흰색 원은 직경이 같다)을 동시에 본다면 검은색 원이 흰색 원보다 약 1/5만큼 더 작아 보일 것이다. 그리고 어두운 색의 옷을 입으면 밝은 색 옷을 입었을 때보다 더 날씬해 보이고 물체의 가장자리 너머로 보이는 광원은 물체의 가장자리를 우묵하게 만든다. 또 매일같이 뜨고 지는 해는 지

평선을 우묵하게 만든다."

그림 18의 경우도 우리 눈의 특성과 관련하여 설명할 수 있다. 먼저 그림 18을 가까이에서 보면 파란색 바탕 위의 수많은 흰색 원들이 보일 것이다. 하지만 그림으로부터 좀 더 떨어져서, 가령 그림으로부터 2~3 걸음 떨어져서 보게 되면 종이 위의 도형들이 변신을 시작하는데 원 대신 흰색의 육각 도형들, 즉 벌집 비슷하게 생긴 것들이 눈에 들어오기 시작한다(혹시 여러분의 시력이 아주 좋다면 6-8 걸음까지 떨어져도 좋다).

그림 18. 어느 정도의 거리를 두고 보면 원형이 육각형으로 보인다.

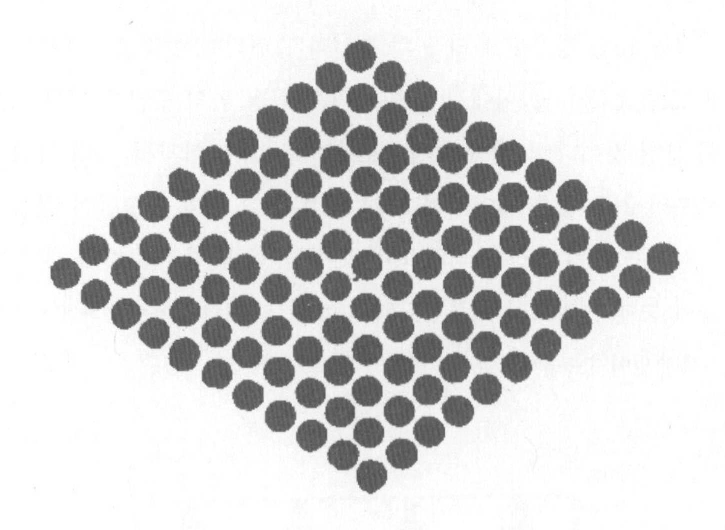

그림 19. 멀리서 보면 파란색 원이 육각형으로 보인다.

흰 바탕 위의 파란색 원들 역시 멀리서 보면 육각형처럼 보인다(그림 19). 그리고 빛의 번짐 현상으로 인해 오히려 검은색 원의 크기가 축소되어 보인다.

어떤 글자가 더 검게 보일까?

우리의 눈은 난시라는 또 다른 결점을 지니고 있다. 그림 20을 보자. 그림에 써 있는 글자는 러시아어로 눈이라는 뜻의 글라즈를 러시아어로 표기한 것이다. 이것을 한쪽 눈으로 보면 아마 네 개의 글자가 똑같이 검게 보이지는 않을 것이다. 네 개 중 어느 것이 가장 검게 보이는지 판단한 다음 그림을 옆으로 돌려놓아 보자. 뜻밖의 변화가 생길 것이다. 가장 검게 보였던 글자는 회색으로 보이고 이제 다른 글자가 가장 검게 보인다.

실제로 네 개의 글자는 똑같이 검다. 단지 서로 다른 방향으로 선이 그어져 있을 뿐이다. 만약 우리의 눈이 값비싼 렌즈와 같이 완벽한 구조를 갖는다면 선의 방향 때문에 글자가 더 검어 보이거나 덜

그림 20. 한쪽 눈으로 보면 어떤 글자 하나가 다른 나머지 글자들보다 더 검게 보일 것이다.

검어 보이는 일은 없을 것이다. 그런데 안타깝게도 우리의 눈은 서로 다른 방향의 광선을 동일하게 굴절시키지 못한다. 그래서 수직선과 수평선 그리고 사선을 똑같이 선명하게 볼 수 없는 것이다. 드문 일이긴 하지만 난시가 전혀 없는 사람들이 있다. 또 난시가 너무 심해서 특별히 제작한 안경을 써야만 선명하게 보이는 그런 사람도 있다. 하지만 착시현상이 일어나는 이유가 눈의 구조적인 결함 때문만은 아니다. 전혀 다른 원인으로 착시현상이 일어날 수도 있다.

살아 있는 초상화

누구나 한번쯤 이런 경험을 해보았을 것이다. 우리가 보고 있는 초상화 속의 눈이 우리를 똑바로 쳐다보고 또 우리가 자리를 옮기면 곧장 우리를 따라 눈길을 돌리는 것이다. 초상화의 이런 흥미로운 성질은 오래 전부터 사람들의 관심을 끌었지만 항상 수수께끼로 남아 있을 뿐이었다. 고골의 《초상화》 중에서 한 대목을 읽어보자.

> "초상화 속의 두 눈이 그를 뚫어지게 쳐다보고 있었다. 그 사람 외에는 다른 아무것도 보이지 않는 듯했다. 초상화 속의 두 눈은 그의 내부를 꿰뚫어보고 있다."

물론 초상화의 눈과 관련된 많은 미신과 전설들이 있다. 하지만 알고 보면 이것 역시 단순한 착시현상에 불과하다.

이런 현상이 일어나는 이유는 초상화 속의 눈동자가 눈 한가운데에 있기 때문이다. 우리가 초상화 옆쪽으로 비켜도 초상화 속의 눈동자는 눈 한가운데에 그대로 남아 있다. 게다가 초상화 속의 얼굴 전체를 전과 같은 위치에서 보고 있기 때문에 초상화가 우리를 지켜보고 있다는 느낌을 받게 되는 것이다.

이런 식으로 다른 그림의 비밀을 풀 수 있다. 예를 들어서 그림 21에서 한 사람이 손가락으로 당신을 가리키고 있다. 그런데 이 손가락이 당신이 움직여도 계속해서 당신을 가리키는 것 같은 느낌을 준다. 이런 것을 이용해서 선전물이나 광고물을 제작하기도 한다.

그림 21. 수수께끼 같은 초상화.

꽂혀 있는 선들과 또 다른 착시현상

그림 22의 선들을 보면서 별다른 느낌을 받지 못할 수도 있다. 하지만 그림을 눈 높이까지 들어올린 뒤 한쪽 눈을 감은 채로 선들을 따라 시선이 미끄러지도록 하면 여러분은 핀들이 수직으로 종이에 꽂혀 있는 듯한 느낌을 받게 된다. 그리고 고개를 옆으로 돌리면 핀들 역시 같은 방향으로 구부러지는 것처럼 보일 것이다

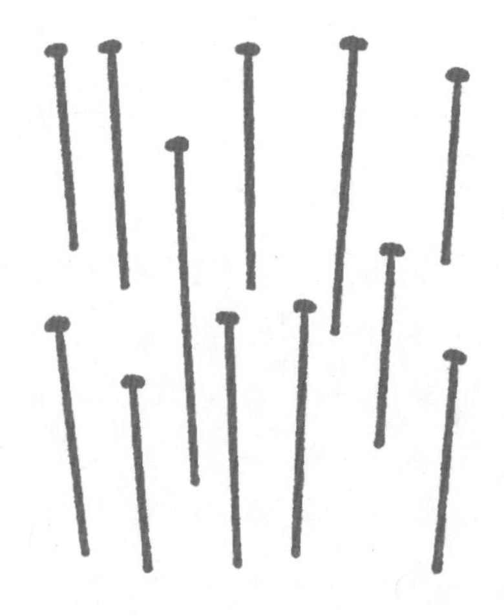

그림 22. 여러 개의 핀들이 종이에 꽂혀 있는 것처럼 보인다.

이런 착시현상은 원근법에 의해 설명이 가능하다. 즉 핀들이 수직으로 꽂혀 있는 것처럼 보이도록 그려놓은 것이다.

사실 이런 착시현상이 유익할 수도 있다. 만일 우리의 눈이 아무런 착시현상도 일으키지 않는다면 그림이라는 것이 아예 존재하지 않았을 것이고 또 조형예술을 감상할 일도 없을 것이다. 즉 화가들에게는 이런 착시현상이 도움이 된다는 말이다.

광학적 착시현상의 예는 아주 많다. 하지만 그 중에는 이미 여러분이 잘 알고 있는 것들도 있기 때문에 여기서는 흥미로우면서도 잘 알려지지 않은 것들만 소개하려고 한다. 그림 23과 24에서 격자무늬 바탕 위의 글자들이 아주 인상적인 착시현상을 일으키고 있다. 그림 25의 경우 직선 AC가 직선 AB보다 짧아 보이지만 여러분이 직접 컴퍼스로 재보면 그렇지 않다는 것을 알 수 있다. 그림 26, 27, 28, 29가 보여주는 착시현상은 각각의 그림 밑에 붙인 설명을 통해 그 원인을 알 수 있다.

그림 23. 글자들은 똑바로 놓여 있다.

그림 24. 나선처럼 보이지만 사실은 크고 작은 원들을 그려놓은 그림이다.

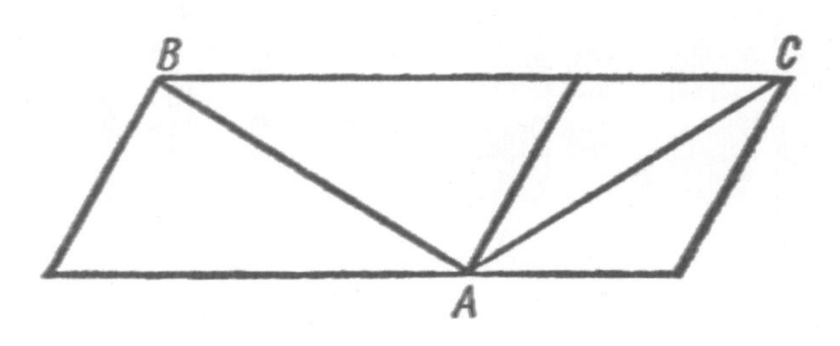

그림 25. 직선 AB의 길이와 직선 AC의 길이는 같다.

그림 26.
줄 무늬를 가로지르는 사선이
마치 꺾여 있는 것처럼 보인다.

그림 27.
검은색 정사각형과 흰색 정사각형의 크기는 같다.
두 개의 원도 마찬가지다.

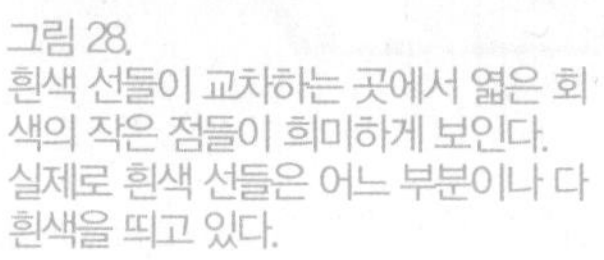

그림 28.
흰색 선들이 교차하는 곳에서 엷은 회
색의 작은 점들이 희미하게 보인다.
실제로 흰색 선들은 어느 부분이나 다
흰색을 띠고 있다.

그림 29.
검은색 선들의 교차점에서 회색 빛 점들
이 나타난다.

근시를 가진 사람들은 어떻게 볼까?

근시를 가진 사람들은 안경을 쓰지 않으면 앞을 잘 볼 수가 없다. 과연 이들에게는 주위의 사물이 어떤 모습으로 비쳐질까?

먼저 근시를 가진 사람들은 뚜렷한 윤곽을 볼 수가 없다(물론 안경을 끼지 않았을 때 그렇다). 모든 사물의 테두리가 번져서 보이기 때문이다. 예를 들어 정상적인 시력을 가진 사람이 나무를 본다면 그는 하늘을 배경으로 뚜렷하게 드러나는 나뭇잎과 잔가지를 모두 분간할 수 있을 것이다. 하지만 근시를 가진 사람은 희미한 테두리를 가진 초록색의 덩어리만을 보게 된다. 그에게 작은 디테일 따위는 의미가 없다.

재미있는 것은 똑같은 얼굴인데도 근시를 가진 사람에게는 더 젊고 더 매력적으로 보인다는 사실이다. 그도 그럴 것이 주름살 같은 작은 흠집들이 보이지 않고 또 얼굴의 거친 피부도 부드럽게 보이기 때문이다. 이 모든 것이 근시 때문이다.

그렇다면 밤에는 어떨까? 우선 밝게 빛나는 모든 것들, 가령 가로등, 전등, 창의 불빛 등이 크게 퍼져서 보인다. 그래서 눈 앞에 보이는 것이라고는 어렴풋하게 빛나는 점들과 어둡고 희미한 실루엣

들뿐이다. 길가에 죽 늘어선 가로등이 따로따로 보이는 것이 아니라 두세 개의 거대하고 밝은 점들로 보이고 또 이 점들이 거리의 나머지 부분을 모두 가려 버린다. 그리고 차가 접근할 때 그가 볼 수 있는 것이라고는 두 개의 밝게 빛나는 전조등과 그 뒤를 따라오는 어두운 덩어리가 전부다.

심지어 밤하늘을 올려다볼 때도 근시안의 사람에게는 전혀 다른 광경이 펼쳐진다. 수천 개의 별 대신 겨우 수백 개의 별들만, 그것도 커다란 빛의 덩어리가 되어 보인다. 달도 아주 가깝고 거대하게 보이는데 특히 반달은 그 모양을 판단하기 어려울 정도로 어렴풋하게 보인다.

이처럼 물체의 크기가 확대되어 보이고 또 왜곡되어 보이는 것은 근시를 가진 사람의 눈 구조 때문이다. 근시안의 경우 안구가 너무 깊어서 외부로부터 들어온 광선이 망막에서 모이지 못하고 망막보다 좀 더 앞쪽에서 모이게 된다. 망막에 와 닿는 순간에는 이미 광선이 분산되어 있는 상태이고 따라서 물체의 윤곽이 흐릿하게 번지는 것이다.

E=MC2
P=mg

CHAPTER 2

우리는 물을 어떻게 마실까? –액체와 기체

커피포트 주둥이의 과학

여러분 앞에 지름이 똑같은 두 개의 커피포트가 있다. 하지만 하나가 다른 하나보다 키가 더 크다(그림 1). 두 커피포트 중 물이 더 많이 들어가는 것은 어느 커피포트일까?

아마 많은 사람들이 키가 큰 커피포트에 더 많이 들어간다고 대답할 것이다. 하지만 실제로 물을 부어 보면, 키가 큰 커피포트라 할지라도 주둥이 구멍 높이까지 차고 나면 그 다음부터는 물이 흘러

그림 1. 두 커피포트 중 어느 것에 더 많은 액체를 부어넣을 수 있을까?

나온다는 것을 알 수 있다. 그리고 두 커피포트의 주둥이 구멍이 같은 높이에 있기 때문에 결국 키가 작은 커피포트에도 똑같은 양의 물을 담을 수 있다는 것을 알 수 있다.

물론 주둥이에 차 있는 액체의 양이 커피포트 나머지 부분에 차 있는 액체의 양보다 훨씬 적기는 하지만 이와 상관없이 양쪽의 액체는 항상 같은 높이에 있게 된다. 이것은 모든 연통관들(두 개 이상의 용기의 밑을 연결해 액체가 서로 통할 수 있도록 만든 관—옮긴이)에 적용되는 공통의 원리인데, 만약 주둥이가 충분히 높은 곳에 달려 있지 않다면 커피포트를 가득 채우는 일은 절대 불가능하다.

그래서 커피포트의 주둥이를 만들 때에는 커피포트를 조금 기울여도 그 안에 든 액체가 흘러나오지 않도록 커피포트의 윗쪽 테두리보다 더 높게 달아붙이는 것이 보통이다.

고대인들이 몰랐던 것

오늘날 로마 시민들이 사용하고 있는 상수도 시설의 일부는 이미 고대 로마 시대에 만들어진 것들이라고 한다. 아마도 당시의 노예들이 아주 튼튼하게 만들어 놓았기 때문에 가능한 일일 것이다.

그렇다면 이 공사의 책임을 맡았던 고대 로마의 기술자들은 어땠을까? 아마도 그들은 물리학의 기본적인 지식을 잘 모르고 있었던 것 같다. 독일 뮌헨 박물관의 그림을 그대로 베껴 놓은 다음 쪽의 그림 2를 보면 알 수 있듯이, 고대 로마 시대의 수도관들은 땅 속이 아

그림 2. 고대 로마 시대 상수도 시설의 모습

닌 높은 돌기둥 위를 지나가고 있었다. 무엇 때문이었을까? 지금처럼 수도관을 땅 속에 묻는 것이 더 간단하지 않았을까? 물론 그렇다. 하지만 연통관 법칙을 정확하게 이해하지 못했던 당시의 기술자들은, 어마어마하게 긴 수도관으로 연결되어 있는 저수지들이 저마다 다른 물 높이를 가질 것이라고 생각했고 따라서 수도관들이 경사진 지반과 함께 기울어진 채로 땅 속에 매설될 경우 일부 지역에서는 물이 위쪽으로 흘러야만 할 것이라고 생각했다. 하지만 물이 위로 흐를 리는 없었다. 결국 모든 수도관들이 아래쪽을 향해 똑같은 각도로 기울어지도록 공사가 진행되었고 또 이를 위해서는 물이 멀리 돌아 흐르도록 우회로를 만들거나 아치형의 높은 기둥을 세워야만 했다. 가령 고대 로마 시대의 수로 아쿠아 마르치아는 두 끝지점 간의 직선 거리가 50km에 불과한데 반해 그 총 연장은 무려 100km나 된다고 한다. 정말이지 물리학의 기본적인 법칙만 알고 있었어도 50km나 되는 수로에 돌기둥을 쌓아올리는 수고는 하지 않아도 되지 않았을까?

액체의 압력이… 위로 향한다!

용기에 담긴 액체가 용기 바닥과 용기 벽을 누르게 된다는 것은 물리학을 전혀 배우지 않은 사람들도 다 알고 있는 사실이다. 하지만 이 액체의 압력이 위쪽으로도 작용하고 있다는 사실에 대해서는 아예 짐작도 하지 못하는 경우가 허다하다. 그렇다면 평범한 램프

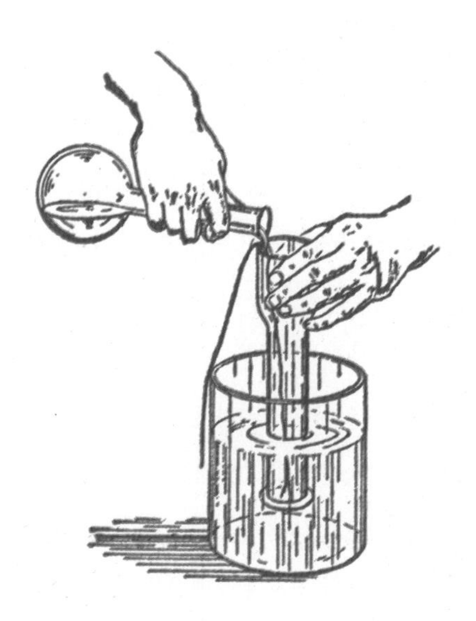

그림 3. 액체가 아래에서 위로 압력을 가한다는 것을 간단한 방법으로 확인할 수 있다.

덮개를 이용해서 그런 압력이 실제로 존재하는지 알아보도록 하자.

우선 튼튼한 마분지를 오려서 동그란 모양의 덮개를 만들어야 하는데, 크기는 램프 덮개의 입을 가릴 수 있을 정도면 된다. 마분지를 다 오려냈으면 이제 램프 덮개 입의 가장자리에 그것을 갖다댄 다음 그림 3에 보이는 것처럼 물 속에 담구어보도록 하자. 이때 마분지가 떨어지지 않게 하려면 마분지 중앙에 꿰어진 실을 잡아당기거나 아니면 그냥 손가락으로 꼭 누르고 있으면 된다. 하지만 물 속에 어느 정도 깊이 잠기게 되면 손가락으로 누르거나 실로 잡아당기지 않아도 마분지가 떨어지지 않는다는 것을 확인할 수 있다. 물의 압력이 마분지를 밀어올리고 있는 것이다.

이번에는 이 압력의 크기가 얼마나 되는지 측정해 보기 위해 램프 덮개 속으로 천천히 물을 부어보도록 하자. 그러면, 램프 덮개 속에서 차오르는 물의 높이가 용기 속 물 높이와 막 같아지는 순간 램프 덮개의 구멍을 막고 있던 마분지가 떨어져나가는 것을 보게 될 것이다. 다시 말해서 아래로부터 마분지에 가해지는 물의 압력이 위로부터 마분지에 가해지는 물기둥의 압력과 같아지는 것이다(이때 차오르는 물기둥의 높이와 마분지가 물 속에 잠겨 있는 깊이도 같아지게 된다). 바로 이것이 액체 속의 모든 물체에 적용되는 '액체 압력의 법칙'이며, 그 유명한 아르키메데스의 원리(액체나 기체 속에 있는 물체는 그 물체가 밀어 낸 액체나 기체의 무게만큼의 부력(浮力)을 받게 된다는 법칙 – 옮긴이)에서 말하는 '액체 속에서의 무게 감소' 또한 바로 이 법

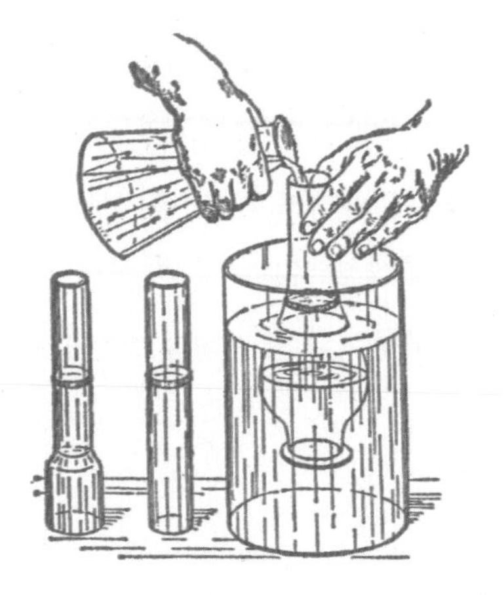

그림 4. 용기 바닥에 가해지는 액체의 압력은 바닥 면적과 용기 내 액체의 수위에 의해 좌우된다. 위 그림은 이 법칙의 검증 방법을 보여주고 있다.

칙으로부터 나온 말이다.

이번에는 서로 생긴 모양은 다르지만 똑같은 입을 가진 램프 덮개 몇 개를 이용해서 액체에 관한 또 하나의 법칙을 검증해 보도록 하자. 이 법칙의 핵심은, 용기 바닥에 가해지는 액체의 압력은 바닥의 면적 그리고 액체의 수위에 의해서만 좌우될 뿐 용기의 형태와는 아무런 상관이 없다는 것이다. 단 이번 실험에서는 서로 다른 형태를 가진 램프 덮개들 모두를 똑같은 깊이까지 물 속에 담궈야 한다는 점에 유의하도록 하자. 이렇게 실험을 해보면, 램프 덮개 속의 액체가 일정한 수위까지 차올라 올 때마다 동그란 마분지가 떨어져

나간다는 것을 확인할 수 있을 것이다(그림 4). 이처럼, 램프 덮개 속의 물 기둥은 만일 그 높이와 바닥 모양만 같다면 비록 그 형태가 다르다 해도 서로 같은 압력을 갖게 되는 것이다. 단 여기서 중요한 것은 물기둥의 길이가 아니라 바로 물기둥의 높이이다. 왜냐하면 길고 기울어진 물기둥의 압력은 같은 높이의 짧고 곧추선 물기둥의 압력과 똑같아지기 때문이다(단, 밑면의 면적이 같아야 한다).

어느 것이 더 무거울까?

한쪽 저울판 위에 물이 가득찬 물통이 놓여 있다. 그리고 다른 쪽 저울판 위에도 똑같이 물이 가득찬 물통이 놓여있다. 단 이 물통의 물 위에는 나무 조각이 둥둥 떠다니고 있다.

여러 사람에게 이 문제를 내 보았더니 어떤 사람들은 나무 조각이 떠 있는 물통이 더 무겁다고 대답했고 또 어떤 사람들은 그 반대라고 대답했다. 첫번째 대답의 이유는 '물의 무게에 나무의 무게가 더해져 있다'는 것이었고 두번째 대답의 이유는 '물이 나무보다 더 무겁다는 것'이었다.

하지만 둘 다 틀린 대답이다. 이 두 물통의 무게는 같다. 두 번째 물통의 경우 나무 조각이 물을 밀어냈기 때문에 물의 양이 첫 번째 물통의 물의 양보다 더 적어질 수밖에 없다. 하지만 아르키메데스의 원리에 따라, 액체 속의 모든 물체는 자신의 무게와 똑같은 무게만큼의 액체를 밀어내기 때문에 저울은 계속해서 평형을 이루게 된다.

이런 문제도 있다.

물이 담긴 컵을 한쪽 저울판 위에 올려놓고 그 옆에 작은 저울추를 놓는다. 그리고 나머지 한쪽 저울판에는 저울이 평형을 이룰 때

까지 저울추들을 올려놓는다. 이 저울추들의 무게로 저울이 평형을 이루었을 때 물컵 옆에 놓인 작은 저울추를 물컵 속으로 떨어뜨리면 저울은 어떻게 될까?

아르키메데스의 원리에 따르면 저울추는 물 밖에 있을 때보다 물 속에 있을 때 더 가벼워진다. 그래서 언뜻 생각하기에는 물컵을 올려놓은 저울판이 위로 올라갈 것 같다. 하지만 실제로는 그렇지 않다. 저울은 어느 쪽으로도 기울어지지 않는다. 이것을 어떻게 설명할 수 있을까?

물 속에 잠긴 저울추가 원래의 물 높이를 넘어서는 양만큼의 물을 밀어내게 되고 그 결과 용기 바닥에 가해지는 압력이 커지게 된다. 저울추가 잃어버린 무게와 똑같은 크기의 힘이 다시 바닥에 가해지는 것이다.

그림 5. 같은 크기의 두 물통에 물이 가득 차 있다.
단 한쪽에는 나무 조각이 떠 있다. 둘 중 어느 것이 더 무거울까?

액체의 자연적 형태

오래 전부터 우리는 '액체에는 고유한 형태가 없다'라고 생각하는 데 익숙해져 있다. 하지만 이것은 잘못된 생각이다. 중력의 방해 때문에 고유한 형태를 취하지 못하는 것일 뿐, 자연 상태에서는 모든 액체가 구형을 취하게 되어 있다. 가령 어떤 액체를 같은 비중의 다른 액체 속에 넣으면 그 액체는 아르키메데스의 원리에 따라 자신의 무게를 잃어버리고 마는데, 이처럼 중력의 작용을 받지 않는 듯한 상태가 되고 나면 액체는 자신의 자연적 형태인 구형을 취하게 된다.

올리브유는 물 속에서는 뜨지만 알코올 속에서는 가라앉는 성질이 있다. 그래서 물과 알코올을 섞으면, 기름이 떠오르지도 않고 또 가라앉지도 않는 그런 혼합물을 만들 수 있다. 스포이트에 기름을 조금 넣은 다음 혼합물에 주입해 보자. 그러면 한데 모여 크고 동그란 방울을 형성한 기름이 위로 떠오르지도 않고 또 가라앉지도 않은 채 가만히 떠 있는 이상한 장면을 보게 될 것이다.*

* 기름 방울의 동그란 모양이 찌그러져 보이지 않도록 하기 위해서는 평평한 벽을 가진 용기 속에서 실험을 해야 한다. 그렇지 않을 경우에는 벽이 평평하고 물이 가득 찬 또 하나의 용기를 준비해야 한다(그림 6).

이 실험에는 세심한 주의와 인내심이 요구된다. 잘못하면 하나의 큰 기름 방울 대신 몇 개의 작은 방울들이 생길 수도 있기 때문이다(기름이 작은 방울들을 형성한다 해도 실험은 아주 흥미로울 수 있다).

그러나 이것으로 실험이 다 끝나는 것은 아니다. 나무로 된 긴 막대나 철사가 기름 방울 가운데를 뚫고 지나가게 한 다음 그것을 회전시켜 보자. 그러면 기름 방울도 함께 회전하기 시작할 것이다(기름에 적신 작고 동그란 모양의 마분지를 막대나 철사에 끼워 기름 방울 속에서 같이 회전하도록 한다면 실험이 더 성공적으로 이루어질 수 있을 것이다). 회전의 영향을 받은 기름 방울이 납작해지기 시작한다. 그리고 몇 초 후에는 고리 모양의 기름 띠가 방울로부터 떨어져 나오면서 갈기갈기 찢어지기 시작한다(그림 7). 하지만 이렇게 흩어진 기름 띠가, 일정한 형태가 없는 기름 조각들로 변해 버리는 것은 아니다. 그것은

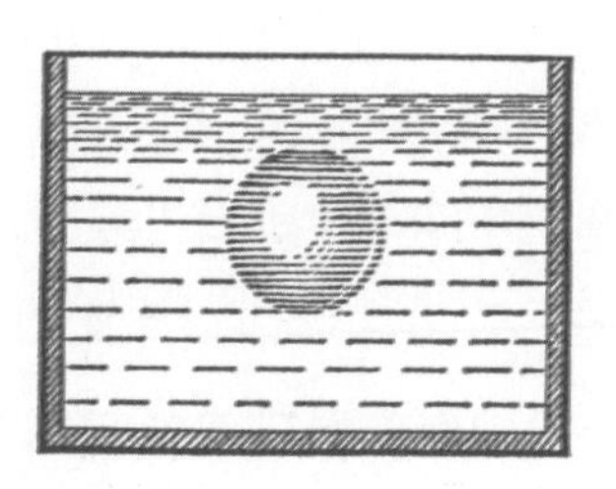

그림 6.
용기 속에는 물로 희석된 알코올이 가득 차 있고 기름이 한데 모여 구형의 방울을 형성하고 있다. 이 기름 방울은 위로 떠오르지도 않고 또 바닥으로 가라앉지도 않는다(플라토의 실험).

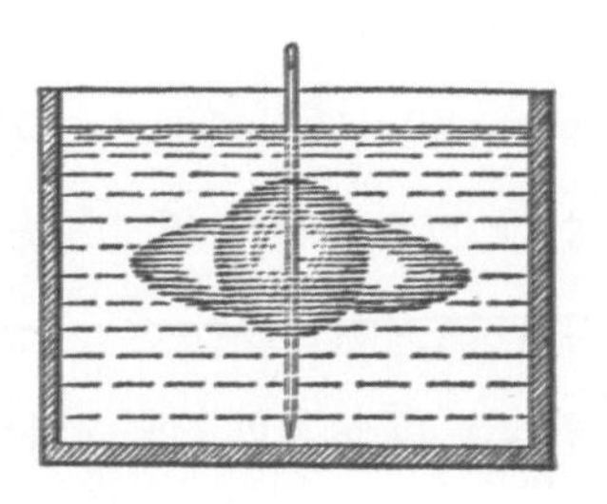

그림 7.
알코올 용액 속의 기름 방울에 막대를 꽂아 빠른 속도로 회전시키면 기름 방울에서 고리 모양의 기름 띠가 분리되어 나온다.

그림 8. 플라토 실험의 단순화

구형의 새로운 기름 방울들을 형성하면서 계속해서 중앙의 기름 방울 주위를 돌게 된다.

이런 유익한 실험을 최초로 시도한 사람은 벨기에의 물리학자 플라토였다. 앞에서 우리는 그의 고전적인 실험 방법을 설명하였는데 사실은 이보다 훨씬 더 쉬운 방법이 있다. 우선 물로 깨끗하게 헹군 작은 컵에 올리브 기름을 가득 채운 다음 또 하나의 큰 컵 안에 넣는다. 그리고 작은 컵이 푹 잠길 때까지 알코올을 채워 넣는다. 알코올이 어느 정도 차고 나면 이제 티스푼을 이용해서 조금씩 물을 부어 넣는다(물이 큰 컵의 벽을 타고 흘러들어가도록 한다). 그러면 작은 컵의 기름 표면이 서서히 도드라지기 시작하다가 물의 양이 충분해지는 순간 이 볼록한 부분이 컵 위로 떠오르게 된다. 그리고 위로 떠오른 기름 덩어리는 상당히 큰 구를 형성하면서 물과 알코올의 혼합물 속에 떠 있게 된다(그림 8).

알코올이 없다면 아닐린(독특한 비린내가 나는 무색의 유상(油狀) 액체. 염료 • 화학 약품 등의 원료로 쓰임—옮긴이)을 써도 좋다. 아닐린은 상온에서는 물보다 무겁지만 75~85° C 에서는 물보다 가벼워진다. 따라서 물을 가열하면 아닐린이 구형의 큰 방울을 형성하면서 물 속에 뜨게 된다. 그리고 실온일 경우라면 아닐린 방울은 소금물에서 평형 상태를 유지하게 된다.*

* 그 밖의 다른 액체들 중에는 오르토톨루이딘('오르토-'는 벤젠 치환체에서 두 개의 치환기의 위치가 나란히 있음을 나타내는 말이고 톨루이딘은 아닐린과 비슷한 성질을 가진 액체 또는 고체 물질로 아조 염료 등의 원료로 쓰인다. -옮긴이)이라는 검붉은 빛의 액체를 쓰는 것이 편리하다. 오르토톨루이딘은 24° C 에서 소금물과 같은 밀도를 갖는다.

산탄의 모양은 왜 둥글까?

앞에서 우리는, 중력의 작용으로부터 자유로워진 모든 액체는 자신의 자연적 형태인 구형을 이루게 된다는 사실을 확인했다. 한편 낙하하는 모든 물체는 무중력 상태에 놓이게 되며 처음 낙하하는 순간의 사소한 공기 저항은 무시해도 좋다. 그렇다면 낙하하는 액체 역시 공 모양이 된다는 것을 쉽게 이해할 수 있을 것이다(실제로 하늘에서 떨어지는 빗방울들은 작은 구슬 모양을 하고 있다). 그리고 산탄 제조 과정에서도 비슷한 예를 찾아볼 수 있는데, 알고 보면 산탄은 용해된 납 방울들을 차가운 물 속으로 떨어뜨려 만든 것에 불과하다. 아주 높은 곳에서 방울 형태로 떨어진 납이 물 속에서 아주 정확한 구슬 모양으로 딱딱하게 굳어지는 것이다.*

이런 식으로 주조된 산탄을 '타워' 산탄이라고 부르는데, 이것은 타워 꼭대기에서 산탄을 떨어뜨리는 방식으로 제조하기 때문에 붙여진 이름이다(그림 9).

산탄제조공장의 타워는 높이가 45미터에 달하는 금속 구조물이

* 떨어지는 빗방울은 낙하가 막 시작되는 순간에만 가속도를 얻을 뿐, 낙하가 시작되고 0.5초만 지나도 벌써 등속도운동을 하기 시작한다. 물방울의 속도가 빨라지면 공기 저항의 힘도 함께 커지게 되는데 바로 이 힘에 의해 모든 물방울의 무게가 상쇄되는 것이다.

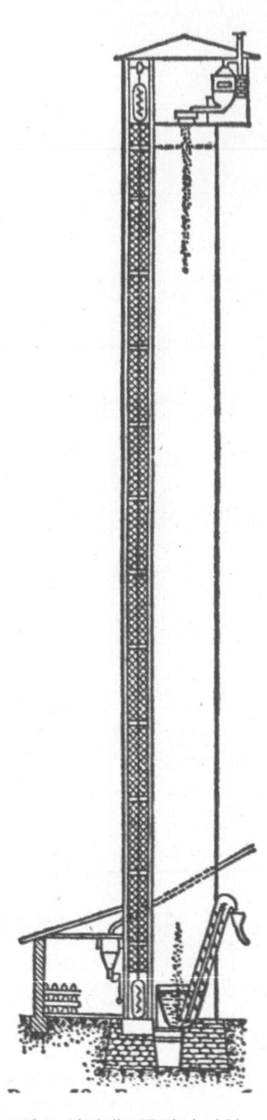
그림 9. 산탄제조공장의 타워

다. 타워 꼭대기에는 용해 보일러와 주조실이 있고 밑에는 물탱크가 있다. 사실 타워 위에서 용해된 납 방울은 떨어지는 순간부터 응고되기 시작한다. 그런데도 굳이 물탱크가 필요한 이유는 떨어질 때 산탄의 충격을 완화시키고 산탄의 둥근 형태가 뒤틀리는 것을 막기 위함이다(이른바 포도탄이라 불리는, 지름 6밀리미터 이상의 대형 산탄은 이와는 다른 방식으로 제조되는데, 철선을 잘게 끊어 그 쇠조각들을 굴리며 가공하는 방식이다).

‘밑 빠진’ 술잔

가장자리까지 물이 가득 차 있는 술잔이 여러분 앞에 놓여 있다. 그리고 술잔 옆에는 옷핀들이 놓여 있다. 술잔이 가득 차 있기는 하지만 혹시 한두 개의 옷핀이 더 들어갈 자리는 없을까? 실험을 해 보도록 하자.

핀을 집어넣으면서 그 수를 세어야 하는데, 단 주의할 것은 물이 밖으로 튀기지 않도록 뾰족한 끝을 물 속에 가만히 담근 다음 조심

그림 10. 물이 가득 담긴 술잔에 옷핀을 넣는 놀라운 실험

스럽게 핀을 놓아야 한다. 하나, 둘, 셋…… 핀이 바닥으로 떨어진다. 하지만 물의 높이에는 변화가 없다. 열 개, 스무 개, 서른 개…… 액체는 밖으로 흘러내리지 않는다. 오십 개, 육십 개, 칠십 개…… 아니 백 개나 되는 핀이 바닥에 떨어져도 물은 술잔 밖으로 흘러내리지 않는다(그림 10).

아니 더 정확하게 말해서, 물이 밖으로 흘러 내리기는커녕 아예 술잔 가장자리 위로 올라올 기미도 보이지 않는다. 이백 개, 삼백 개, 사백 개, 계속해서 옷핀을 넣어 보자. 물론 물방울 하나 넘쳐흐르지 않는다. 하지만 이제는 뭔가 변화가 생기기 시작한다. 물 표면이 술잔 가장자리 위로 약간 올라오면서 부풀어 오르는 것이다. 바로 이 부풀어 오르는 물 표면에서 우리는 기이한 현상을 밝히는 열쇠를 찾을 수 있다.

일반적으로 유리에 기름기가 조금이라도 묻으면 그 유리는 물에 약간 젖게 되는데, 다른 모든 그릇들과 마찬가지로 술잔의 유리도 손가락이 닿으면 기름기가 묻을 수밖에 없다. 만일 물이 술잔 가장자리를 적시지 않는다면, 옷핀들에 의해 밀려나는 물은 볼록하게 도드라지게 될 것이다. 눈으로 봐서는 부풀어 오르는 정도가 그리 크지 않다. 하지만 옷핀 하나의 부피를 계산한 다음 그것을 술잔 위로 부풀어 오른 물의 부피와 비교해 본다면 여러분은 옷핀 하나의 부피가 부풀어 오른 물의 부피보다 수백 배나 더 작다는 사실 그리고 물이 '가득 찬' 술잔에는 아직 몇 백 개의 옷핀이 더 들어갈 수 있다는 사실을 확인할 수 있을 것이다. 용기가 넓을 수록 용기 속에 들어갈 수 있는 옷핀의 수는 많아진다. 부풀어 오르는 물의 양이 많아지기 때문이다.

명쾌한 이해를 위해서는 대략적이나마 계산을 해 보는 것이 좋겠다. 옷핀의 길이는 약 25mm이고 두께는 0.5mm이다. 이제 누구나 다 알고 있는 기하학 공식에 이 숫자들을 대입하면 간단하게 원통형의 부피를 구할 수 있다.

$$\frac{\pi d^2 h}{4}$$

옷핀 몸통의 부피는 5mm²이고 대가리의 무게를 합하더라도 전체 부피는 5.5mm²를 넘지 않는다.

이번에는 술잔 가장자리 위로 올라온 물의 부피를 계산해 보자. 술잔 아가리의 지름이 9cm, 즉 90mm이므로 원의 면적은 약 6,400mm²가 된다. 그러니까 부풀어 오른 물의 두께가 1mm만 되어도 술잔의 부피는 무려 6,400mm²만큼 늘어나게 되는 것이다. 이것은 옷핀의 부피보다 1,200배나 더 큰 숫자이다. 바꿔 말하면, 물이 '가득 차 있는' 술잔에 아직 1,000개 이상의 옷핀을 더 넣을 수 있는 것이다! 아주 조심하기만 한다면 실제로 1,000개 정도의 옷핀은 충분히 물 속에 넣을 수가 있다. 그리고 놀라운 것은, 이렇게 많은 수의 옷핀이 용기를 가득 채우게 되면 가장자리 밖으로 옷핀이 튀어 나올 정도가 되는데도 물은 전혀 흘러내리지 않는다는 것이다.

석유의 재미있는 특성

석유버너나 석유램프를 사용해 본 경험이 있는 사람들이라면 누구나 한번쯤 석유의 독특한 성질 때문에 곤혹스러운 일을 당한 적이 있을 것이다. 기름통에 석유를 가득 채우고 그 표면을 깨끗이 닦아 놓아도 한 시간만 지나면 그 표면이 다시 축축하게 젖어 버리는 것이다.

그 이유는 사실 램프의 화구(석유등이나 가스등에서 불이 뿜어나오는 아가리—옮긴이)에 있다. 화구를 충분히 조여 주지 않으면, 유리를 타고 사방으로 퍼지려는 성질을 가진 석유가 기름통 바깥쪽 표면으로 스며나오게 되는 것이다. 그러니까 이런 성가신 일이 생기지 않도록 하려면 화구를 아주 단단히 조여 줘야만 한다.*

특히 석유를 엔진 연료로 사용하는 배에서는 석유의 이 침투하는 속성 때문에 골치아픈 일들이 끊이지 않는데, 만일 이런 배에 아무런 조치도 취하지 않는다면 등유나 석유를 제외하고는 그 어떤 제품도 실어 나를 수가 없을 것이다. 왜냐하면 이 액체들은 저장 탱크

* 하지만 화구를 꽉 조일 때 잊지 말고 살펴보아야 할 것은, 석유가 기름통 가장자리까지 가득 차지 않도록 하는 것이다. 석유는 열을 받게 되면 현저히 팽창하는 성질이 있는데(온도가 100℃ 상승하면 석유의 부피는 10% 늘어나게 된다) 기름통이 깨지는 것을 막기 위해서는 석유가 팽창할 수 있는 자리를 남겨 두어야 한다.

의 보이지 않는 틈을 뚫고 나와서 금속의 바깥쪽 표면을 흠뻑 적시고 또 사방으로 퍼져 나가기 때문이다(심한 경우에는 승객들의 옷에까지 스며들어 지독한 냄새를 풍기기도 한다). 사실 이런 골치 아픈 현상을 막으려는 시도가 끊임없이 이루어져 왔지만 아직까지 아무런 성과를 거두지 못하고 있다. 이쯤 된다면, 영국의 유머작가 제롬이 ≪보트 위의 세 남자≫(1889)에서 묘사하고 있는 것도 그다지 심한 과장은 아닐 듯싶다.

> 석유보다 더 잘 스며나오고 석유보다 더 잘 배어드는 물질은 아마 없을 것이다. 우리 배에는 뱃머리 쪽에 석유탱크가 있는데 아 글쎄 이놈의 석유가 배 반대편까지 퍼져 스며드는 바람에 배 안의 모든 것들에 석유 냄새가 가득 배고 말았다. 배 밑바닥의 판자를 뚫고 나온 석유가 물 속으로 흘러들었고 또 공기와 하늘을 오염시키면서 우리의 생명까지 위협하고 있었다. 때로는 서쪽에서 또 때로는 동쪽에서, 바람이 불었다 하면 석유 냄새가 진동을 했고, 눈 덮인 북극에서 날아왔는지 아니면 사막의 모래땅에서 불어 왔는지 모르겠지만 어쨌든 북쪽과 남쪽에서도 쉴새없이 '석유' 바람이 불어 왔다. 지독한 냄새 때문에 석양의 아름다움이란건 생각도 할 수가 없었고 심지어는 달빛에서도 석유 냄새가 나는 것 같았다. 다리 밑에 배를 잡아매 놓고 시내로 산보를 갔지만 거기서도 이놈의 지긋지긋한 냄새는 사라질 줄을 몰랐다. 마치 온 도시에 석유 냄새가 가득 배어 있는 듯했다(물론 석유 냄

새는 여행자들의 옷에만 배어 있었다).

석유 탱크의 표면이 축축히 젖어 있는 것을 본 많은 사람들이 '석유는 금속과 유리를 뚫고 나올 수 있구나'라고 생각했지만 사실 이것은 잘못된 생각이었다.

물에 가라앉지 않는 동전

이것은 비단 옛날이야기에만 나오는 것이 아니라 현실 속에서도 충분히 가능한 이야기이다. 이제 몇 가지 간단한 실험을 해 보면 그것이 사실이라는 것을 확인할 수 있을 것이다. 일단 동전보다 크기가 작은 것들, 그러니까 바늘부터 시작해 보자. 강철로 만든 바늘이 과연 물 위에 뜰 수 있을까? 언뜻 드는 생각에 불가능한 일처럼 보이겠지만 사실 이것은 그리 힘든 일이 아니다. 담배 종이 한장을 준비해서 물 위에 띄운 다음 그 위에 바늘(물기가 없도록 잘 닦아야 한다)을 올려놓는다. 그리고는 담배 종이를 바늘 밑에서 빼내기만 하면 되는데, 우선 따로 준비해 놓은 또 하나의 바늘이나 옷핀을 이용해서 담배 종이의 가장자리를 물 속으로 가볍게 밀어넣어 보자. 그리고 종이의 중심 부분까지 이런 식으로 다가가 보자. 어떤 결과가 나올까? 물 속에 잠겨 버린 담배 종이는 바닥으로 가라앉겠지만 바늘은 계속해서 물 위에 떠 있게 될 것이다(그림 11). 혹시 자석을 가지고 있다면, 물컵 벽에 자석을 갖다 대어 보자(자석이 수면의 높이와 같은 위치에 있어야 한다). 이제 물 위에 떠 있는 바늘의 움직임까지도 조종할 수 있을 것이다.

그리고 어느 정도 요령이 생기면 담배 종이 없이도 똑같은 실험을 해 볼 수 있다. 손가락으로 바늘 한가운데를 잡아 수평이 되게 한 다음 그리 높지 않은 곳에서 물 위로 떨어뜨려 보자.

바늘 대신 옷핀을 띄울 수도 있고(어느 것이든 두께가 2mm를 넘지 않도록 한다) 가벼운 단추나 평평한 모양의 작은 금속 같은 것을 띄울 수도 있다. 그리고 어느 정도 자신이 생겼다면 이제 동전에 도전해 보도록 하자.

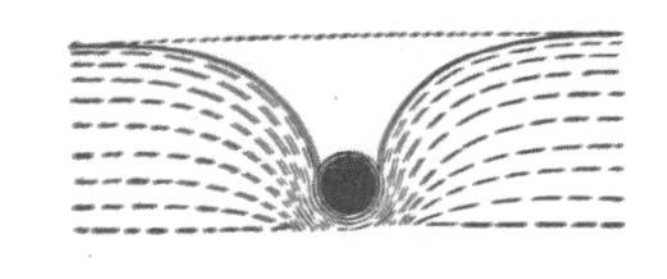

그림 11.
물 위에 떠 있는 바늘. 위쪽은 수면이 우묵하게 눌려들어간 모습과 바늘의 절단면(두께 2mm)을 나타낸 그림이고, 아래쪽은 종이 조각으로 바늘을 물 위에 뜨게 하는 방법을 나타낸 그림이다.

이런 금속성의 물체들이 물에 뜨는 이유는 아주 간단하다. 금속성의 물체를 손으로 잡게 되면 손에서 기름기가 묻어 나오는데 바로 이 기름기가 얇은 막을 형성하면서 물체가 물에 젖는 것을 막아주는 것이다. 결국 물에 젖지 않은 바늘은 물 표면을 아래로 누르게 되고, 원래의 상태로 돌아가려고 하는 액체의 표면은 바늘을 위로 밀어올리게 되는 것이다(바늘을 위로 밀어올리는 힘은 이것뿐만이 아니다. 바늘에 의해 밀려난 물이 그 무게만큼의 힘으로 바늘을 위로 밀어올린다). 따라서 바늘을 물에 띄우는 가장 쉬운 방법은 바늘에 기름칠을 하는 것이다. 그러면 바늘이 물 속으로 가라앉는 일은 없을 것이다.

체에 담긴 물

그렇다면 체에 물을 담아 나르는 것은 어떨까? 말도 안 되는 소리라고 할 지 모르겠지만, 사실 물리학에 대한 지식만 있다면 결코 불가능한 일도 아니다. 우선 직경 약 15cm의 철망(철망의 눈은 약 1mm 정도가 적당하다)을 가진 체와 녹인 파라핀을 준비한다. 그리고 체의 철망 부분을 녹은 파라핀 속에 잠시 담갔다가 꺼낸다. 그러면 철망 표면에 겨우 눈에 띌 정도의 얇은 파라핀층이 생겨 있는 것을 발견하게 될 것이다.

철망의 눈에는 아무런 변화가 일어나지 않았는데도(즉 핀이 자유롭게 통과할 수 있을 정도의 구멍들이 그대로 남아 있다) 체에 담긴 물은 쏟아져 내리지 않는다. 다만 여기서 주의해야 할 점은 물을 부어 넣을 때 체에 충격이 가해져서는 안된다는 것이다.

물이 쏟아져 내리지 않는 것은 무엇 때문일까? 그것은 물에 젖지 않는 파라핀이 얇은 막들을 형성하기 때문이고 또 이 얇은 막이 물을 지탱해 주기 때문이다(그림 12).

파라핀을 칠한 체는 물 위에 놓아도 가라앉지 않는다. 그러니까 체에 파라핀을 칠하게 되면 물을 담아 나를 수 있을 뿐만 아니라 물

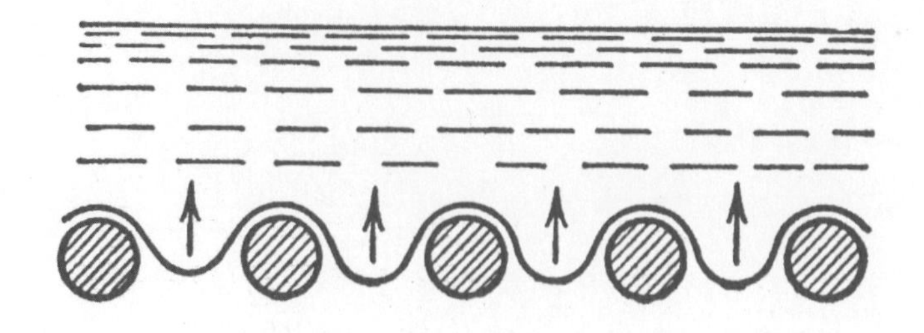

그림 12. 파라핀을 입힌 체에서 물이 쏟아져 나오지 않는 이유는 무엇일까?

위에 띄울 수도 있는 것이다.

언뜻 봐서는 정말 말이 안되는 것 같다. 하지만 이러한 실험을 통해서 우리는 우리에게 너무도 익숙해진 나머지 아주 당연한 것처럼 여겨지는 여러 현상들의 이유를 설명할 수 있을 것이다. 나무통과 보트에 수지(樹脂)(식물, 특히 침엽수로부터 분비되는 점도(粘度)가 높은 액체—옮긴이)를 바르는 일, 병마개에 돼지기름을 칠하는 일, 유화 물감으로 그림을 그리는 일 그리고 천에 고무를 입히는 일 등, 기름기 있는 물질을 발라 물이 스며들지 않게 하는 모든 일들은 그 본질에 있어 방금 설명한 것과 같은 '체 만들기'와 전혀 다를 바가 없다. 다만 차이가 있다면, 체의 경우에는 일부러 이런 실험을 하지 않는 한 그렇게 만드는 경우가 없다는 것뿐이다.

기술을 발전시킨 거품

강철 바늘이나 동전이 물에 뜨는 원리는 사실 철광산업에서 적용되는 선광법(광석에서 유용 광물을 효과적으로 뽑아내는 방법)의 원리와 유사하다고 할 수 있다. 공학 기술에는 여러 가지 선광법이 있는데, 그 중에서도 지금 우리가 다루려고 하는 부유 선광의 방법은 여타의 방법들이 효과를 거두지 못하는 경우에도 좋은 결과를 가져다주는 아주 효과적인 방법이다.

부유 선광 기술의 핵심은 이렇다. 우선 기름진 물질과 물이 섞여 있는 큰 통에 잘게 부순 광석을 가득 채우면 기름진 물질이 유용 광물 입자 표면에 얇은 막을 형성하게 된다(이때 얇은 막은 물에 젖지 않는다). 그리고 물과 기름진 물질의 혼합물은 공기와 격렬히 반응하면서 수많은 기포들, 즉 거품을 만들어내게 되는데, 이때 얇은 기름막에 싸인 유용 광물 입자들이 기포 막에 달라붙게 된다. 그러면 이제 수많은 기포들은 마치 대기 속의 기구(氣球)가 승객용 캐리어를 위로 들어올리듯, 광물 입자들을 위로 끌어올리게 된다(그림 13). 한편 기름막이 형성되지 않는 원석 입자들은 기포 막에 달라붙지 못한 채 그대로 액체 속에 남게 된다. 여기서 알아 두어야 할 것은, 기포의 부피가 광물 입자의 부피보다 훨씬 더 크다는 점이며, 또한 기포의 부력이 단단한 입자를 위로 끌어올릴 만큼 충분히 크다는 점이다. 결국 거의 대부분의 유용 광물 입자들이 거품에 달라붙게 된다. 그리고 이렇게 생겨난 거품들에서 원광보다 수십 배나 더 많은 유용 광물을 함유한 응축물이 얻어지는 것이다.

부유 선광 기술은 철저한 연구에 의해 개발되었다. 그래서 혼합액을 적절히 배합하기만 한다면 어떠한 성분의 원광으로부터도 유용 광물을 분리해 낼 수가 있다.

그리고 이러한 부유 선광의 기술을 가능케 했던 것은 심오한 이론이 아니라 바로 우연한 사실에 대한 주의 깊은 관찰이었다. 19세기 말, 기름때 묻은 포대를 빨고 있던 한 미국 여교사(캐리 에버슨)가 황철광(철과 황을 주성분으로 하는 놋쇠 빛깔의 광택이 나는 광물. 황산의 제

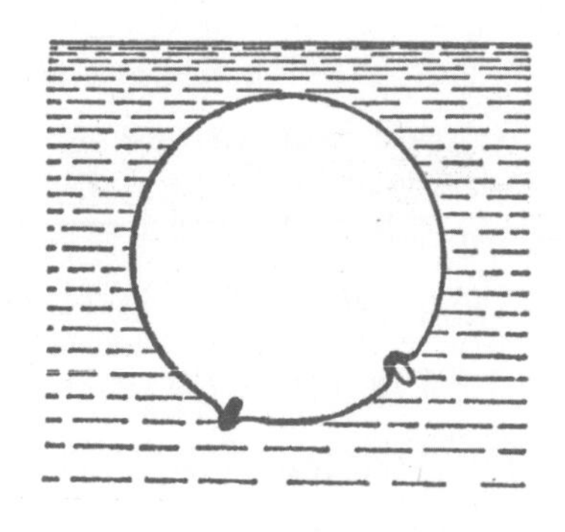

그림 13. 부유 선광은 어떻게 이루어지는가.

조나 제철의 원료로 쓰임 – 옮긴이) 알갱이들이 비누 거품과 함께 표면으로 떠오르는 것에 주목하였고, 바로 이런 주의 깊은 관찰이 부유 선광의 기술을 개발하는 데 결정적인 계기가 되었다.

가짜 '영구엔진'

우리는 그림 14처럼 생긴 장치를 진정한 '영구'엔진으로 소개하고 있는 책들을 종종 접하게 되는데, 그 작동 원리를 간단히 살펴보면, 우선 용기에 부어 넣은 기름(또는 물)이 심지를 타고 윗쪽 용기로 올라간 다음 그곳에서 다시 다른 심지를 타고 더 윗쪽의 용기로 올라간다. 가장 윗쪽의 용기에는 기름이 아래로 흘러내릴 수 있도록 홈통을 달아 놓았고 바로 이 홈통을 따라 흘러내린 기름이 바퀴 날개 위로 떨어지면서 바퀴를 회전시키게 된다. 그리고 아래로 떨어

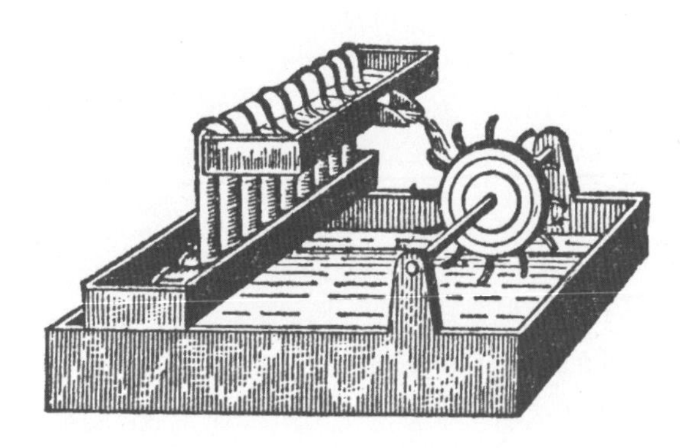

그림 14. 실현될 수 없는 회전기구

진 기름은 심지를 타고 다시 윗쪽 용기로 올라가게 되는데, 이런 식으로 계속 기름이 바퀴 날개 위로 떨어지게 되면 바퀴는 언제까지나 운동을 하게 된다.

만일 이 회전기구의 설계자들이 실제로 제작까지 해 보았더라면, 바퀴가 돌아가지 않는 것은 물론이고 기름 한 방울도 윗쪽 용기로 타고 올라가지 않는다는 사실을 확인할 수 있었을 것이다!

이런 사실은 굳이 회전 장치를 만들어 보지 않아도 충분히 알 수 있는 것인데, 도대체 왜 이 발명가는 기름이 심지 위쪽의 꺾어진 부분으로부터 아래로 흘러내릴 것이라고 생각했을까? 중력을 극복한 모세인력이 심지를 따라 액체를 위로 끌어올린다. 하지만 똑같은 원인에 의해, 축축하게 젖은 심지의 미세한 구멍에 스며 있는 액체가 표면으로 빠져나오지 못하고 그대로 머물러 있게 된다. 만일 모세 인력의 작용에 의해 가짜 회전 장치의 위쪽 용기로 액체가 모일 수 있다고 주장한다면, 다른 한 편으로 바로 그 심지에 의해서(액체를 윗쪽 용기로 옮겨놓았다고 하는 문제의 그 심지에 의해서) 액체가 아래쪽 용기로 되돌아가게 된다는 사실도 인정해야만 할 것이다.

사실 이런 가짜 영구기관이 전에도 없었던 것은 아니다. 이미 1575년에 이탈리아의 기계공 스트라다가 고안해 낸 수력에 의한 '영구' 운동 기계가 바로 그것인데, 여기서 잠깐 그것의 재미있는 설계도를 살펴보도록 하자(그림 15). 아르키메데스의 나선형 양수기가 회전하면서 물을 위쪽 수조로 끌어올리고 또 위로 올라온 물이 이번에는 홈통을 따라 아래로 흘러내려 물레방아의 물받이에 부딪치게 된다(그림 오른쪽 아래). 그러면 수차가 연마용 선반을 회전시키게 되고 또한 여러 개의 톱니바퀴와 맞물려 돌아가게 됨으로써 바로 그 나선형 양수기를 동시에 회전시키게 된다(이 나선형 양수기가 물을 위쪽 수조로 끌어올린다). 나선형 양수기의 바퀴를 돌리고, 바퀴가 양수기를 돌린다! 만일 이런 기계장치를 만드는 것이 정말 가능하다

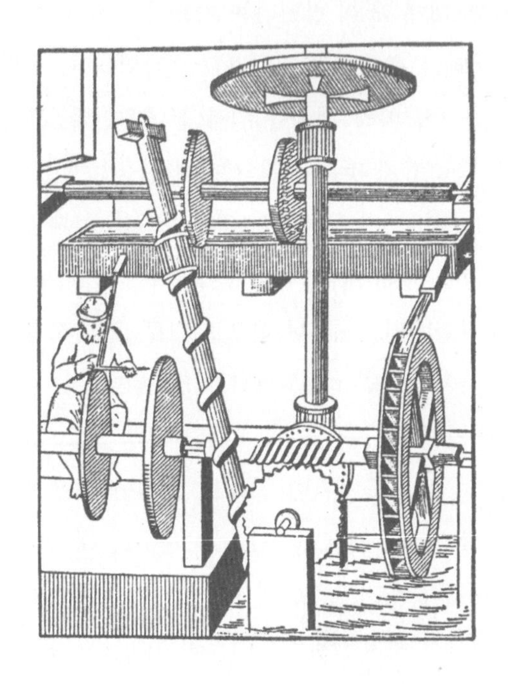

그림 15. 숫돌을 회전시키기 위해 고안된 수력 '영기'기관의 옛 설계도.

면, 아마도 그 가장 간단한 방법은, 바퀴가 있는 구동장치에 줄을 걸쳐놓고 그 양쪽 끝에 똑같은 저울추를 매다는 것이 될 것이다. 한쪽 저울추가 아래로 내려오면 그것이 다른 나머지 추를 위로 살짝 들어올리고, 또 위로 들어올려진 추가 아래로 내려오면서 첫번째 추를 들어올리는 식이다. 이것이나 '영구'엔진이나 다를 것이 뭐가 있단 말인가?

비눗방울

입으로 불어 비눗방울을 만드는 일은 생각만큼 그리 간단하지가 않다. 필자 역시 '비눗방울 만드는 일이 뭐 그리 대단한 일이겠나' 싶었지만, 그것이 많은 연습을 필요로 하는, 일종의 숙련된 기술이라는 사실을 알고 난 다음부터는 생각이 완전히 바뀌고 말았다. 어쨌거나, 도대체 왜 이런 시시한 일에 시간과 공을 들이는 것일까?

사실 일상적인 대화에서 비눗방울을 떠올리게 되는 경우는 그다지 달갑지 않은 비유를 할 때가 대부분이다. 하지만 물리학자들의 견해는 이와 정반대이다. 영국의 위대한 물리학자 켈빈(Baron Kelvin, William Thomson, 1824-1907 – 옮긴이)은 "입으로 불어 비눗방울을 만들고 그것을 관찰해 보라. 그러면 평생을 연구해도 모자랄 만큼의 많은 물리학적 가르침을 얻게 될 것이다"라고 했다.

실제로 비눗방울 막 표면에서 일어나는 매혹적인 색채 변화 현상으로 빛의 파장을 측정할 수 있었고 또한 비눗방울 막이 형성하는 장력을 연구함으로써 입자간에 작용하는 힘의 법칙들을 하나씩 밝혀낼 수 있었다(만일 이런 결합력이 존재하지 않는다면 세상에는 아주 작은 티끌을 제외하고는 아무것도 존재하지 않을 것이다).

하지만 그렇다고 해서 너무 어렵게 생각할 필요는 없다. 여기서는 아주 간단한 실험들만 소개하기로 하고 혹시 비눗방울 실험에 대해 더 자세히 알고 싶은 독자들이 있다면 영국 물리학자 찰스 보이스의 ≪비눗방울≫이라는 책을 읽어 볼 것을 권하는 바이다.

실험을 위해서는 우선 가정용 세탁비누 한 장이 필요하다(화장비누는 실험용으로 적합하지 못하다. 그리고 만일 크고 예쁜 비눗방울을 원한다면 순수한 올리브 기름이나 편도 열매 기름으로 만든 비누를 쓰는 것이 좋다). 그리고 준비한 세탁비누를 여러 조각으로 쪼갠 다음 차갑고 깨끗한 물 속에 한 조각씩 풀어 진한 비누용액을 만든다(이때 깨끗한 빗물이나 눈 녹인 물을 사용하면 좋겠지만 구하기가 쉽지 않을 것이기 때문에 여기서는 그냥 끓인 물을 식혀서 사용하기로 한다). 만들어진 비눗방울이 터지지 않고 오래 남아 있도록 하기 위해서는, 플라토가 권하는 것처럼, 글리세린을 비누용액 부피의 1/3을 비누용액에 타는 것이 좋다. 용액이 다 만들어졌으면 숟가락을 이용해 용액 표면으로부터 거품과 비눗방울을 걷어낸 다음 찰흙으로 만든 얇은 관을 용액 속에 집어넣는다(관 끝부분의 안쪽과 바깥쪽을 미리 비누로 칠해 둔다). 그리고 더 성공적인 실험을 위해서는 끝 부분이 십자 모양으로 쪼개진, 길이 약 10cm 정도의 관을 사용하는 것이 좋다.

이제 비눗방울이 잘 만들어지는지 테스트를 해 보자. 우선 빨대를 용액 속에 집어넣은 다음 잠시 기다렸다가 천천히 빨대를 꺼낸다. 그리고 빨대 끝에 액체 막이 생긴 것을 확인한 다음 빨대를 입에 물고 천천히 공기를 불어넣는다. 그러면 폐 속에 있던 따뜻한 공기가 비눗방울 속에 가득 차게 되는데 이때 비눗방울 속의 공기가 주위의 공기보다 더 가볍기 때문에 비눗방울은 곧바로 위로 떠오르게 된다.

만약 지름 10cm 정도의 비눗방울을 만드는 데 성공했다면 그 용액은 실험을 하기에 적당한 용액이라고 할 수 있다. 하지만 그렇지 않을 경우에는 비누를 더 풀어서 용액을 더 진하게 만들어야 한다. 그리고 더 확실히 하기 위해서는 손가락에 비누용액을 묻힌 다음 그 손가락으로 비눗방울을 찔러 보자. 그래도 비눗방울이 터지지 않는다면 이제 실험을 위한 최상의 용액이 준비된 것이다.

이 실험은 아주 천천히 그리고 아주 침착하게 해야 한다. 조명은 가능한 한 밝게 해야 하는데 그렇지 않으면 비눗방울 표면에서 일어나는 무지개빛 색채 변화를 볼 수가 없다.

그럼 이제부터 아주 재미 있는 비눗방울 실험 몇 가지를 소개하도록 하겠다.

비눗방울에 싸인 꽃. 접시나 쟁반에 비누용액을 부어 2~3mm 정도의 비누용액 층이 생기도록 한다. 그리고 접시 한가운데에 꽃이나 화병을 놓은 다음 그 위를 유리 깔때기로 덮어씌운다. 잠시 후 깔때기를 천천히 들어올리면서 깔때기 주둥이를 입으로 불면 비눗방울이 만들어지기 시작할 것이다. 그리고 비눗방울이 충분히 커졌을 때 깔때기를 천천히 기울여 비눗방울을 빼내면(그림 16) 꽃은 투

명한 반원형의 비누막에 둘러싸이게 되고 비누막 표면은 일곱 빛깔 무지개처럼 보는 각도에 따라 서로 다른 색을 띠게 된다.

꽃 대신 작은 조각상으로 실험을 해 봐도 좋다. 그림 16과 같이 작은 조각상 위에 비눗방울을 올려놓는다. 물론 조각상 윗부분에 약간의 비누용액을 미리 떨어뜨려 놓는 것을 잊어서는 안 된다. 큰 비눗방울을 하나 만든 다음 그 속에 작은 비눗방울을 또 만들 수도 있다.

비눗방울 속의 비눗방울들(그림 16) 만들기. 앞에서 설명한 것과 같은 방법으로 큰 비눗방울 하나를 만들어 놓는다. 그리고 비누용액에 푹 적신 빨대(입에 닿는 부분을 제외하고는 모두 적셔야 한다)를 비눗방울 속으로 집어넣었다가 다시 천천히 빼내면서(이때 바깥쪽 비눗방울의 벽에 닿을 정도로 빼내면 안 된다) 두번째 비눗방울을 만들고, 또 이와 같은 방법으로 세번째, 네번째 비눗방울을 만든다.

실린더 모양의 비눗방울은 두 개의 철사 고리를 이용해 만들 수 있다(그림 17). 먼저 두 개의 철사 고리 중 하나를 아래쪽에 두고 그 위에 비눗방울을 올려놓는다. 그리고 비눗방울 위에 또 하나의 철사 고리를 올려놓은 다음(두번째 철사 고리는 미리 비누용액으로 적셔 놓아야 한다) 비눗방울이 원통 모양으로 늘어날 때까지 철사 고리를 위로 들어올리는데, 이때 윗쪽 철사 고리가 아주 높은 곳까지 올라가면(그러니까 철사 고리의 둘레 길이보다 더 높아지게 되면) 비눗방울-실린더의 아래쪽 반은 좁아지고 윗쪽 반은 넓어지게 된다. 그리고 결국

그림 16. 비눗방울 실험들: 꽃 위의 비눗방울; 꽃병을 둘러싼 비눗방울;
비눗방울 속에 또 비눗방울들; 비눗방울 속에서 비눗방울을 이고 있는 조각상.

에는 두 개의 비눗방울로 나눠지고 만다.

한편 비눗방울 속의 공기는 자신을 둘러싸고 있는 팽팽한 막에 의해 큰 압력을 받게 되는데, 깔때기를 촛불 가까이 가져가 보면 이 얇은 막의 힘이 얼마나 강한지 곧 확인할 수 있다(촛불의 불길이 한쪽으로 휘어지는 현상이 뚜렷하게 나타난다 – 그림 18).

그리고 따뜻한 곳에 있던 비눗방울을 갑자기 차가운 곳으로 옮겨

놓으면 비눗방울의 부피가 눈에 띄게 줄어드는 아주 재미 있는 현상을 관찰할 수 있다. 반대로 차가운 곳에 있던 비눗방울을 따뜻한 곳으로 옮겨놓으면 비눗방울의 부피는 현저히 늘어나게 된다. 물론 그 원인은 비눗방울 속의 공기가 수축하거나 팽창하기 때문이다. 가령 영하 15도의 방에서 부피가 1,000cm²인 비눗방울을 영상 15도의 방으로 옮겨놓으면 비눗방울의 부피는

$$1000 \times 30 \times \frac{1}{273} = \text{약 } 110\text{cm}^2$$

만큼 늘어나게 된다.

끝으로 한 가지만 더 말해 둘 것은, 모든 비눗방울이 금방 터져

그림 17.
원통 형태의 비눗방울을 만드는 방법.

그림 18.
비눗방울의 막이 공기를 밀어낸다.

버리지는 않는다는 것이다. 실제로 영국의 물리학자 제임스 듀어(James Dewar, 1842-1923, 공기 액화에 관한 연구로 명성을 떨쳤다-옮긴이)는 공기의 건조, 진동 그리고 먼지로부터 잘 차단되는 특수한 병을 이용함으로써 한 달 이상 비눗방울을 보관할 수 있었다. 그리고 미국의 물리학자 로렌스(E. O. Lowrence, 1901-1958, 노벨상 수상-옮긴이)는 유리 덮개를 씌우는 방법으로 몇 년씩이나 비눗방울을 보관하기도 했다.

육안으로 볼 수 있는 가장 얇은 것들 중의 하나가 바로 비눗방울

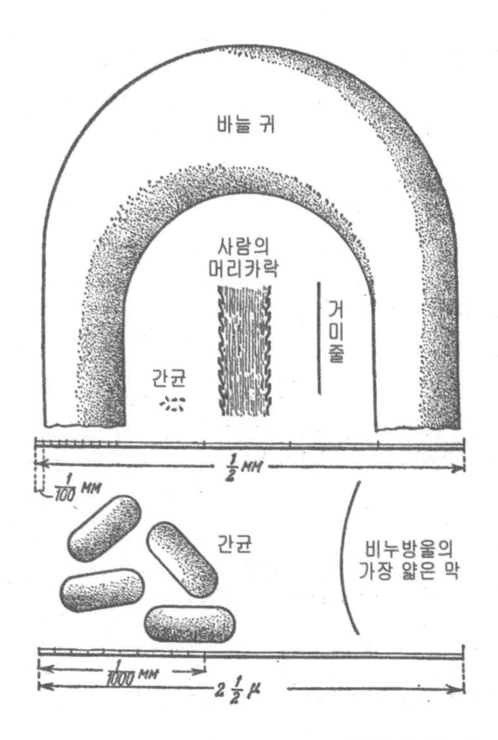

그림 19. 위는 바늘귀, 사람 머리카락, 간균(막대 모양 또는 타원형의 세균 – 옮긴이)을 2백 배로 확대한 것이고 아래는 간균과 비눗방울 막의 두께를 4만 배로 확대한 것이다.

막이다. 그런 줄도 모르고 우리는 '머리카락처럼 가늘다', '담배 종이 처럼 얇다'라는 표현을 자주 쓰게 되는데, 사실은 비눗방울 막의 두께가 머리카락이나 담배 종이의 두께보다 5천 배나 더 얇다. 게다가 사람의 머리카락을 2백 배 확대하면 그 두께가 약 1cm까지 늘어나겠지만, 비눗방울 막의 단면은 그 2백 배에 다시 2백 배를 더 확대한다 해도 얇은 선의 굵기를 넘지 못할 것이다. 만약 사람의 머리카락을 다시 2백 배 더 확대한다면(2백 배에 다시 2백 배를 더 확대하는 것이니까 총 4만 배로 확대하는 셈이 된다!) 그 두께는 2m를 넘어 버리고 말 것이다. 그림 19는 이러한 상관관계를 한 눈에 알아볼 수 있게 나타낸 그림이다.

손에 물 안 묻히고 물속 동전 꺼내기

바닥이 평평한 큰 접시 위에 동전을 올려놓은 다음 접시에 물을 부어 동전이 물에 잠기게 한다. 그리고 주위 사람들에게 '손에 물을 묻히지 말고 동전을 잡아 보라'고 하자.

전혀 불가능한 일일까? 그렇지 않다. 이 문제 역시 컵과 불타는 종이 조각을 이용해서 아주 간단하게 해결할 수 있다. 우선 종이 조각에 불을 붙인 다음 불타는 상태 그대로 컵 안에 집어넣는다. 그리고 종이 조각에 붙은 불이 꺼지기 전에 재빨리 컵을 접시 위에 엎어놓는다(동전 옆에 엎어놓아야 한다). 잠시 뒤 종이 조각의 불이 꺼지고 나면 컵은 흰 연기로 가득 차게 되고 접시 위에 있던 물은 저절로 컵 안으로 모여들게 된다. 물론 동전은 원래 있던 자리에 그대로 남아 있을 것이다. 이제 동전의 물기가 완전히 마르고 나면 손에 물을 묻히지 않고도 얼마든지 동전을 잡을 수 있다.

그렇다면 물을 컵 안으로 빨아들이고 또 그 물이 일정한 높이로 차 있을 수 있도록 유지하는 힘은 무엇일까? 그것은 바로 기압의 힘이다. 불타는 종이 조각이 컵 속의 공기를 가열하여 공기 압력을 증가시키고 그 결과 기체의 일부가 밖으로 빠져나가게 된다. 그리

그림 20. 접시 위에 엎어놓은 컵 안으로 물을 모두 끌어모은다.

고 종이 조각의 불이 꺼지면 컵 속의 공기가 식으면서 공기 압력이 다시 감소하는데 이때 외부 공기의 압력이 물을 컵 안으로 밀어넣는 것이다(종이 대신 성냥을 이용해도 좋다. 단 그림 20에 보인 것처럼 성냥을 코르크 마개에 꽂아서 실험해야 한다).

그런데 한 가지 유감스러운 것은, 이렇게 역사가 오랜 실험을 놓고 아직까지도 잘못된 설명을 내놓는 경우가 종종 있다는 사실이다.* 그들은 '종이 조각이 탈 때 산소가 다 타버리기 때문에 컵 안에 담긴 기체의 양이 줄어든다'고 말하는데, 이런 설명은 정말 잘못된 설명이다. 다시 한번 말해 두지만, 컵 안으로 물이 빨려들어가는 것

* 이 실험을 올바르게 기술하고 설명한 최초의 인물은 기원전 약 1세기경의 물리학자, 비잔티움의 필로였다.

은 불타는 종이가 산소의 일부를 흡수하기 때문이 아니라 바로 공기가 가열되기 때문이다. 이러한 결론을 내릴 수 있는 근거는 첫째, 불타는 종이가 아니더라도, 즉 단순히 컵을 가열하기만 해도 똑같은 결과가 나온다는 것이고 둘째, 종이 대신 알코올에 적신 솜(종이보다 더 오래 타고 또 공기를 더 뜨겁게 가열한다)을 사용하게 되면 물이 컵의 거의 반까지 차올라 온다는 것이다. 게다가 공기 중에서 산소가 차지하는 부피가 전체 부피의 1/5에 불과하다는 것은 너무도 잘 알려져 있는 사실이다. 끝으로 꼭 짚고 넘어가야 할 것은, '다 타버린' 산소 대신 탄산가스와 수증기가 발생한다는 점이다. 탄산가스는 물 속으로 녹아들지만 수증기는 사라진 산소의 빈자리를 채우며 그대로 남아 있게 된다.

우리가 물을 마시는 원리는 무엇일까?

이런 것도 생각해 볼 수 있을까? 물론이다. 우리는 액체가 든 컵이나 스푼을 입에 대고 그 액체를 빨아들인다. 바로 이 '빨아들임'이 우리가 지금까지 습관적으로 해왔으면서도 동시에 설명을 필요로 하는 것이다. 어째서 액체가 우리 입으로 들어가는 것일까? 무엇이 그것을 끌어당기는 것일까? 그 이유는 다음과 같다. 액체를 마실 때 우리는 폐강을 팽창시킴으로써 입 속의 공기를 희박하게 만든다. 그러면 외부 공기의 압력으로 액체가 압력이 낮은 쪽으로 빨려들어가게 되고 그래서 우리 입으로 흘러들게 되는 것이다. 연통관 속의 액체에서 일어나는 현상과 똑같은 현상이 여기서도 일어나는 것이다. 즉, 연통의 어떤 부분의 기압을 낮추게 되면 대기압에 의해 그 관 속의 물이 상승하게 되는 것이다. 반대로 입술로 병 목을 꽉 막은 채로 물고 있으면 여러분은 어떤 노력을 기울여도 입 속으로 액체를 빨아들일 수 없다. 왜냐하면 입 속의 공기압과 물에 가해지는 압력이 동일하기 때문이다.

따라서 엄밀히 말한다면, 우리는 입으로만 액체를 마시는 것이 아니라 폐로도 마시는 셈인 것이다.

개량된 깔때기

깔때기로 병에 액체를 부어본 경험이 있는 사람이라면 때때로 깔때기를 살짝 들어줘야 액체가 병 속으로 잘 흘러들어간다는 사실을 알고 있을 것이다. 이것은 병 속의 공기가 나갈 곳이 없어 자신의 압력으로 깔때기 속의 액체를 밀어올리기 때문이다. 하지만 그렇다고 해도 액체는 조금씩 아래로 흘러내려가게 된다. 병 속의 공기가 아주 조금씩 액체의 압력에 의해 압축되기 때문이다. 이때 부피가 줄어든 병 속 공기의 압력이 증가하게 되고 바로 이 압력이 깔때기 속의 액체의 무게와 평형을 이루게 되는 것이다. 그리고 깔때기를 살짝 들어올려주면 압축된 공기가 밖으로 빠져나가게 되고 그러면 다시 액체가 흘러들기 시작하는 것이다. 따라서 깔때기의 가느다란 목 부분의 바깥면에 세로주름, 즉 깔때기와 병목이 서로 꼭 달라붙지 않도록 주름을 만들어 주면 편리하다.

나무 1톤과 쇠 1톤

농담 같은 질문이 되겠지만, 나무 1톤과 쇠 1톤 중 어느것이 더 무거울까? 만약 잘 생각해 보지도 않고 쇠 1톤이 더 무겁다고 대답한다면 주위 사람들의 웃음을 자아내고 말 것이다.

그리고 나무 1톤이 더 무겁다고 대답한다면 더 큰 웃음을 자아낼지도 모른다. 하지만 엄밀히 말한다면 바로 이 대답이 정답이다!

문제는 아르키메데스의 원리가 액체에만 적용되는 것이 아니라 기체에도 적용된다는 데에 있다. 즉, 공기 중에 있는 모든 물체는 자신이 밀어낸 공기의 부피만큼 무게를 잃어버린다.

나무와 쇠 역시 공기 중에서 자신의 무게의 일부를 잃어버린다. 두 물체의 진짜 무게를 구하기 위해서는 잃어버린 만큼의 무게를 더해야만 한다. 따라서 우리가 살펴보고 있는 경우에 나무의 진짜 무게는 '1톤+나무 부피만큼의 공기 무게'와 같으며 쇠의 진짜 무게는 '1톤+쇠 부피만큼의 공기 무게'와 같다.

하지만 나무 1톤은 쇠 1톤보다 훨씬 더 큰 부피를 차지하기 때문에(약 15배) 나무 1톤의 진짜 무게는 쇠 1톤의 진짜 무게보다 더 무겁다! 더 정확히 표현한다면, 공기 중에서 1톤의 무게를 갖는 나무의 진짜 무게는 공기 중에서 1톤의 무게를 갖는 쇠의 진짜 무게보다 더 무겁다. 1톤의 쇠는 $\frac{1}{8}$ m^3, 1톤의 나무는 약 $2m^3$의 부피를 갖기 때문에 두 물체에 의해 밀려나는 공기의 무게 차이는 약 2.5kg이 된다. 따라서 실제로 1톤의 나무는 1톤의 쇠보다 2.5kg 더 무거운 것이다.

무게가 전혀 나가지 않는 사람

솜털처럼 가벼워지고 공기보다 가벼워지는 것*, 그래서 무게의 족쇄로부터 벗어나 높은 곳 어디든 마음껏 올라가는 것, 정말이지 많은 사람들이 어렸을 때부터 꿈꿔왔던 매혹적인 장면이 아닐 수 없다.

하지만 여기서 한가지 잊지 말아야 할 사실은 사람이 지상에서 자유롭게 움직일 수 있는 것은 바로 사람이 공기보다 무겁기 때문이라는 것이다. 토리첼리(Evangelista Torricelli, 1608-1647, 이탈리아 수학자이자 물리학자-옮긴이)가 선언한 것처럼, 사실 우리는 '공기의 대양이라는 거대한 바다의 밑바닥에서 살고 있는 것'이나 다름없다. 그리고 만일 인간이 그 어떤 이유에 의해서 어느날 갑자기 천 배 더 가벼워진다면, 즉 공기보다 더 가벼워진다면, 아마도 우리는 그 거대한 공기의 대양 표면으로 둥둥 떠오르게 될 것이다. 그러니까 푸쉬킨의 '경기병'에게 일어났던 일이 우리에게도 똑같이 일어나게 되는 것이다.

* 솜털이 공기보다 더 가볍다는 통설은 잘못된 것이다. 아니, 오히려 솜털이 공기보다 수백 배 더 무겁다. 솜털이 공중을 날 수 있는 것은 단지 솜털의 넓은 표면적이 공기의 저항을 크게 만들기 때문이다(솜털은 그 무게에 비해 큰 공기 저항을 갖는다).

"나는 한 병을 다 마셔버렸다. 그런데 다음 순간, 믿든 안 믿든 상관 없지만, 나는 갑자기 가벼운 솜털처럼 위로 날아오르고 말았다."

우리의 몸은 수킬로미터를 날아올라, 희박해진 공기의 밀도가 우리 몸의 밀도와 같아지는 곳까지 가게 될 것이다. 하지만 무게의 족쇄로부터 벗어나는 순간 또 하나의 힘, 기류의 지배를 받게 됨으로써, 산과 계곡 위를 마음껏 날아다니는 우리의 꿈은 물거품이 되고 마는 것이다. 하지만 바로 이와 같은 예외적인 상황을 자신의 공상과학소설의 플롯으로 삼은 작가가 있었다. 바로 웰스였다. 그의 소설에는 한 뚱뚱한 남자가 나오는데 그는 무슨 수를 써서라도 자신의 뚱뚱함을 극복하려고 하는 사람이었다. 그런데 마침 화자에게는 뚱뚱한 사람을 과도한 무게로부터 벗어나게 해주는 기적의 처방전이 있었다. 간청 끝에 화자에게서 처방전을 얻어낸 뚱보는 처방전에 적힌 대로 약을 지어먹게 된다. 그런데 이게 어찌된 일인가, 어느 날 뚱보를 찾아온 화자의 눈 앞에 정말이지 전혀 예상치 못한 놀라운 광경이 펼쳐진 것이다.

문 앞에서 기다린 지 한참이 지났을 때였다. 열쇠 돌아가는 소리가 들리더니 곧이어 파이크라프트(사람들은 뚱보를 이렇게 불렀다)의 목소리가 들렸다.

"들어오세요."

나는 당연히 파이크라프트의 모습이 보일 것이라고 기대하면서 문

을 열었다.

그런데 이게 어찌된 일인가, 파이크라프트는 보이지 않고 마구 어질러진 사무실만 눈에 들어왔다. 크고 작은 접시들이 책, 문구와 마구 뒤섞여 있었고 또 의자 몇 개는 아예 뒤집어져 있었다. 파이크라프트는 어디로 사라진 것일까?

"여기예요! 문을 닫아줘요."

파이크라프트가 말을 했고 그제야 나는 파이크라프트를 찾을 수가 있었다. 그는 문 옆 귀퉁이의 코니스(천장돌림띠, 실내에서 천장과 벽

그림 21. "난 여기 있오!" 파이크라프트가 말했다.

의 경계에 돌출해 있는 부분-옮긴이)에 매달려 있었던 것이다. 마치 누군가가 그를 천장에 풀로 붙여놓은 듯했다. 그의 얼굴은 잔뜩 화가 나 있었고 두려움에 떨고 있었다.

"뭐 하나라도 까딱했다가는 그대로 떨어져 목이 부러지고 말겠네."

내가 말했다.

"차라리 그랬으면 좋겠구만."

파이크라프트가 말했다.

"당신 나이에 그리고 당신처럼 무거운 사람이 그런 이상한 곡예를 부리고 있다니……. 아니 그런데 어쩌다가 거기 매달리게 된 거요?"

자세히 살펴보니 파이크라프트는 천장에 매달려 있는 것이 아니라 마치 가스를 집어넣은 풍선처럼 사무실 위를 둥둥 떠나니고 있는 것이 아닌가. 그는 천장에서 떨어져서 벽을 타고 내게로 기어내려 오려고 안간힘을 쓰고 있었다. 판화 액자의 틀을 붙잡아 보았지만 액자 틀은 힘없이 떨어져 나가버렸고 파이크라프트는 다시 한번 천장으로 날아오르고 말았다. 그의 몸이 쿵하고 천장에 부딪치는 순간 나는 비로서 왜 그의 몸의 튀어나온 여기저기가 석회가루로 더럽혀져 있는지 알 수 있었다. 파이크라프트는 다시 한번 벽난로를 이용해서 아래로 내려오려고 했는데 이번에는 정말이지 실수를 하지 않으려고 안간힘을 썼다.

"그놈의 약이 어찌나 잘 듣던지, 몸무게가 거의 안 나갈 정도가 되었지 뭐야."

파이크라프트가 숨을 헐떡이며 말했다. 그제서야 나는 모든 것을 이해할 수가 있었다.

"파이크라프트! 비만을 치료한다고 해놓고 몸무게를 완전히 빼버리면 어떻게 합니까? 자, 잠깐만 있어 봐요. 내가 도와줄 테니."

나는 이렇게 말하고는 불쌍한 파이크라프트의 양손을 잡고 아래로 확 끌어당겼다.

그는 어디든 확실하게 발을 디디고 서려고 애를 쓰면서 마치 춤을 추듯 방 안 여기저기를 돌아다니기 시작했는데 정말 기가 막힌 광경이 아닐 수 없었다. 그건 마치 바람 부는 날 휘날리는 돛을 잡으려고 애쓰는 것과 아주 흡사했다.

"거기 그 책상이 아주 튼튼하고 무거우니 날 그 책상 밑으로 밀어 넣어 주기만 하면……."

나는 그가 원하는 대로 해 주었다. 하지만 책상 밑에 들어간 다음에도 그의 몸은 마치 잡아매놓은 풍선처럼 계속 흔들거리면서 잠시도 가만히 있지를 못했다.

"당신이 해서는 안될 일 하나가 분명해진 것 같구만. 가령 집 밖으로 나갈 생각을 한다면 당신의 몸은 점점 더 높이 올라가고 말 거요."

나는 이왕 이렇게 되었으니 새로운 상황에 적응할 수밖에 없다고 그를 설득했다. 그리고 조금만 노력하면 손을 짚고 천장을 걸어 다니는 법을 배울 수 있을 것이라고 일러주었다.

"도무지 잠을 잘 수가 있어야지."

파이크라프트가 하소연을 했다. 나는 침대 그물망에 푹신푹신한 매트리스를 고정시키고 거기에 아래쪽의 모든 물건들을 끈으로 동여매고는 이불과 침대 시트의 옆을 단추로 채워 붙이면 된다고 가르쳐 주었다.

파이크라프트를 위해서 사무실 안에는 사다리가 설치되었고 모든 음식물을 책장 선반에 얹어두었다. 그리고 파이크라프트가 원하면 언제든지 바닥으로 내려올 수 있도록 기발한 아이디어도 생각해 냈다.

앞이 트인 책장의 위쪽 선반에 《대영백과사전》이 꽂혀 있었기 때문에 뚱보가 바닥으로 내려오고 싶을 때에는 백과사전 몇 권을 뽑아서 손에 쥐고 내려오면 되는 것이었다. 나는 그의 집에서 꼬박 이틀을 보냈다. 그리고 그곳에서 머무르는 동안 망치와 나사, 송곳을 들고 다니며 파이크라프트가 벨을 누를 수 있도록 전선을 끄는 등 가능한 온갖 기발한 장치들을 만들어 주었다.

나는 벽난로 옆에 앉아 있었고 그는 터키제 양탄자를 천장에 박아 붙이며 방 한쪽 구석의 코니스에 매달려 있었다. 그때 문득 이런 생각이 머리에 떠올랐다.

"아, 파이크라프트! 이러고 있을 필요가 없어! 그냥 옷 안감에 납을 꿰매어 달면 모든 문제가 해결되는 거란 말이요!"

이 말을 들은 파이크라프트는 너무도 기쁜 나머지 하마터면 큰 소리로 울음을 터뜨릴 뻔했다.

"박판으로 된 납을 사사 옷 안에 꿰매어 달아 봐. 그리고 구두창이

납으로 된 장화를 신고 양 손에는 납으로 만든 트렁크를 들고 있는 거야. 그러면 이제 당신은 더 이상 이곳에서 포로가 되어 있을 필요가 없는 거지. 외국 여행을 할 수도 있고 또 배가 난파되는 것을 두려워할 필요도 없겠지. 그냥 옷의 일부를 벗어버리기만 하면 언제든지 공중으로 날아갈 수 있을 테니까 말이야."

언뜻 보기에 이 모든 것들은 물리학의 여러 법칙들에 완전히 부합되는 것처럼 여겨진다. 하지만 사실은 자신의 몸무게를 잃어버린다 해도 뚱보가 천장으로 떠오르지는 않을 것이다.

실제로 아르키메데스의 원리에 따르면, 파이크라프트는 자신이 입고 있는 옷과 그 호주머니 속에 든 것들의 무게가 공기의 무게(파이크라프트의 뚱뚱한 몸에 의해 밀려나는 공기의 무게)보다 가벼울 경우에 천장으로 떠오르게 될 것이다. 여기서 우리 몸의 무게가 (우리 몸과) 같은 부피를 갖는 물의 무게와 거의 같다는 사실을 떠올린다면, 사람의 몸과 같은 부피를 갖는 공기의 무게가 어느 정도인지를 계산하는 것은 그리 어려운 일이 아니다. 사람의 몸무게가 약 60kg 정도라고 했을 때, 사람 몸과 같은 부피의 물 역시 약 60kg의 무게를 갖는다. 그리고 보통의 밀도를 갖는 공기는 물보다 770배 더 가볍다. 따라서 사람 몸의 부피와 같은 부피를 갖는 공기는 80g의 무게를 갖게 된다. 한편 파이크라프트씨의 육중한 몸무게를 100kg이라고 가정한다면 공기를 130g 이상 밀어낼 수는 없을 것이다. 그렇다면 파이크라프트씨가 입고 있던 양복과 신고 있던 신발, 지갑 그리고 그 밖의 모든 소지품의 무게가 정말 130g도 나가지 않았을까? 당연히 130g 이상의 무게가 나갔을 것이다. 그렇다면, 뚱보는 비록 안정된 자세는 아니라 할지라도 사무실 바닥에 서 있을 수 있었을 것이고 최소한 '매달린 풍선'처럼 천장으로 떠오르는 일은 없었을 것이다. 다시 말해서, 옷을 홀라당 벗지 않는 한 파이크라프트의 몸이 천장으로 떠오를 수는 없는 것이다. 옷을 입고 있는 파이크라프트씨는 작은 기구 아래에 매달려 있는 사람에 비유할 수 있는데, 이런 사람은 살짝 뛰거나 근육에 조금만 힘을 주어도 공중 높이 날아가 버리고 말 것이다(바람이 불지 않는 날이라면 그는 유유히 다시 지상으로 내려오게 될 것이다).*

* 기구에 대한 자세한 설명은 필자의 책 《살아있는 물리학-역학》 제 4장을 참조하라.

영원히 작동하는 시계

앞에서 우리는 외견상 그럴듯해 보이지만 알고 보면 허울뿐인 '영구엔진'의 예들 몇 가지 살펴 보았다. 그리고 영구 엔진을 발명하려고 했던 수많은 시도들이 한낱 공염불에 지나지 않았다는 사실도 확인할 수 있었다. 그렇다면 이번에는 소위 '공짜'엔진이라는 것에 대해서 이야기를 해 보도록 하자. 이것은 주위 환경에 존재하는 무궁무진한 에너지원으로부터 자신에게 필요한 에너지를 얻기 때문에 설령 우리가 아무런 신경을 쓰지 않는다 해도 무한정 오랫동안 작동할 수 있는 그런 엔진이다. 그것은 바로 수은 또는 금속을 이용한 기압계인데 물론 이런 장치를 모르는 사람은 없을 것이다. 첫 번째 기압계의 경우 수은주의 최고점이 기압의 변화에 따라 끊임없이 오르락 내리락 거리고 두 번째 금속 기압계 역시 마찬가지의 이유로 해서 바늘이 끊임없이 흔들리게 되는 것이다. 그런데 18세기의 한 발명가가 기압계의 이러한 움직임을 이용해 시계장치의 태엽 감는 법을 고안해 냈고 그렇게 함으로써 저절로 태엽이 감기며 끊임없이 작동하는 시계를 만들어 냈다.

영국의 유명한 엔지니어이자 천문학자였던 페르규손은 이 흥미

로운 발명품을 보고 난 후 다음과 같은 견해를 밝혔다(1774년)

> "나는 위에서 말한 시계를 잘 살펴보았다. 그것은 독특한 구조를 가진 기압계의 수은이 올라갔다 내려갔다 함으로써 끊임없이 운동을 하게 되는 시계였다. 그런데 시계 속에 축적되는 동력이 1년 내내 시계의 작동을 유지할 수 있을 만큼 충분한 것이기 때문에 사실상 시계가 멈추게 될 것이라고 생각할 근거가 없었다(심지어 기압계를 완전히 제거하고 난 뒤에도 시계가 작동할 만큼 동력이 충분하다). 솔직히 말해서 이런 시계를 자세히 관찰해 보면 알 수 있는 것처럼 이런 시계는 그야말로 내가 봐왔던 것들 중에서도 가장 기지가 뛰어난 장치이다(아이디어로 보나 제작 기술로 보나)."

안타깝게도 이 시계는 오늘날까지 보존되지 못했다. 오래 전에 도둑을 맞았고 어디에 있는지 알 수가 없다. 하지만 위에서 말한 천문학자가 만든 설계도가 남아서 복원의 가능성이 있다.

우선 시계 장치를 구성하는 커다란 수은 기압계가 있다. 틀에 끼워져 매달려 있는 유리병과 그 위에 병목을 아래로 향하고 뒤집어져 있는 커다란 플라스크 안에는 약 150kg의 수은이 담겨 있다. 그리고 두 용기는 서로에 대해 움직일 수 있도록 고정되어 있다. 지렛대의 교묘한 시스템을 이용했기 때문에 기압이 증가하면 플라스크가 내려가고 유리병은 올라가게 된다. 또한 기압이 감소하면 그 반대가 된다. 이 두 운동은 작은 톱니바퀴가 항상 한쪽 방향으로 돌아

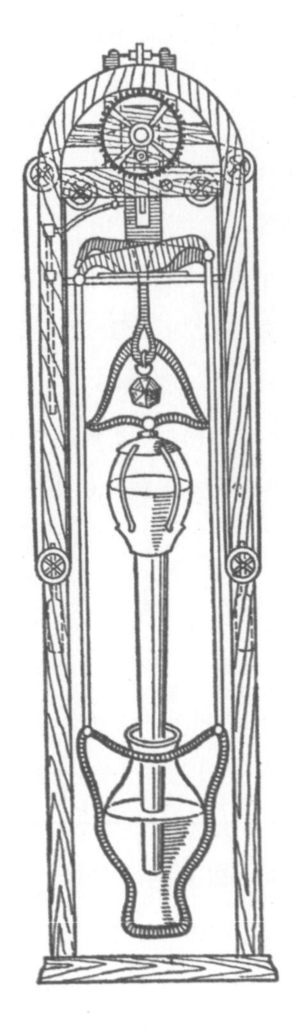

그림 22.
18세기에 고안된 공짜 엔진의 구조

가도록 만든다. 단 기압에 아무런 변화가 일어나지 않게 되면 톱니바퀴가 움직이지 않게 되는데 이렇게 휴지하는 동안에도 그 전에 축적되어 있던 분동의 낙하에너지에 의해서 시계 장치가 움직이게 된다. 분동이 위로 올라가는 것과 분동의 낙하에 의한 시계장치의 작동이 동시에 가능하도록 만들기는 쉽지가 않다. 하지만 옛날 시계 기술자들은 이런 문제를 능히 해결할 만큼 아주 창의력이 풍부했다. 심지어 기압 변동의 에너지가 필요한 것보다 훨씬 더 많아질 때도 있었다. 즉 분동이 내려가는 속도보다 올라가는 속도가 더 빨랐다. 그래서 분동이 최고점에 도달할 때 낙하하는 분동을 주기적으로 차단할 수 있는 특별한 장치가 필요했다.

여기서 우리는 이러한 '공짜'

엔진(그리고 이와 유사한 다른 기관들)과 '영구'엔진의 근본적이고도 아주 중요한 차이점을 쉽게 발견할 수 있다. 공짜엔진의 에너지는, 영구엔진 발명자들이 꿈꾸었던 것처럼, 무에서 만들어지는 것이 아니다. 그것은 외부로부터 얻어지는데 우리가 앞에서 살펴본 경우에는 주위 환경으로부터 얻어진다고 할 수 있다(태양 광선에 의해 에너지가 축적된다). 사실 공짜엔진들이 진정한 영구엔진들 만큼 수익성이 있으려면 그 구조를 만드는데 에너지에 비해 그다지 비싸지 않아야만 할 것이다(대부분의 경우에는 너무 비싸다).

E=MC²
P=mg

CHAPTER 3

끝이 뾰족한 물건은 왜 콕콕 찌르는 것일까?
–중력과 무게

일어서 보세요!

"의자에 묶이지 않은 채 가만히 앉아 있는 상태에서도 도저히 일어설 수 없는 경우가 있다"고 한다면 여러분은 물론 농담이라고 할 것이다.

그럼 좋다. 그림 1의 사람과 같은 자세로 앉아 보자. 상체를 똑바로 펴야 하고 또 다리가 의자 밑으로 들어가서도 안 된다. 자, 이제 다리의 위치를 바꾸거나 상체를 앞으로 굽히지 않고 일어설 수 있

그림 1. 이런 자세로 의자에서 몸을 일으키는 것은 불가능한 일이다.

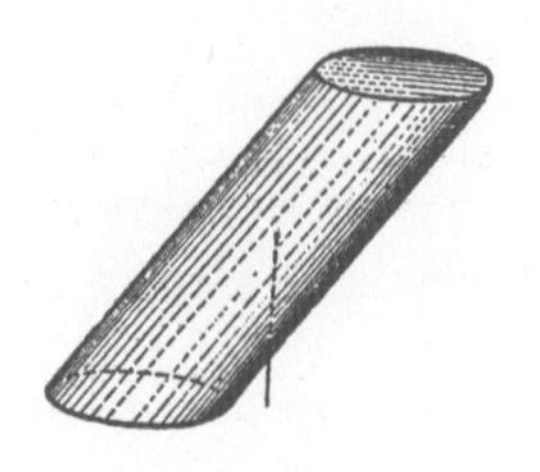

그림 2. 무게 중심으로부터 내려 그은 수직선이 밑면 밖으로 지나가기 때문에 이 실린더는 쓰러질 수 밖에 없다.

는지 한번 해 보자.

이상하다. 다리를 의자 밑으로 끌어당기거나 상체를 앞으로 굽히지 않는 한 아무리 애써도 일어설 수가 없다.

왜 이런 현상이 일어나는 것일까? 우선 물체 일반의 균형과 특히 사람 몸의 균형에 대한 이야기를 해보자. 세워져 있는 물체가 쓰러지지 않으려면 물체의 무게 중심으로부터 내려그은 수직선이 그 물체의 밑면을 지나가야만 한다. 따라서 그림 2와 같이 실린더가 많이 기울어 있다면 실린더는 당연히 쓰러질 수 밖에 없다. 하지만 무게 중심으로부터 내려그은 수직선이 밑면의 범위 안을 지나갈 만큼 실린더의 바닥이 넓다면 이 실린더는 쓰러지지 않을 것이다. 우리가 잘 알고 있는 '피사의 사탑'이나 아르한겔스크의 기울어진 종루(그림 3)가 쓰러지지 않고 잘 서 있는 것도 사실은 무게 중심으로부터 내려오는 수직선이 밑면의 범위를 벗어나지 않기 때문에 가능한 것이다(두 번째의 부차적인 이유는 이 두 구조물의 토대가 땅 속 깊이 들어가 있기 때문이다).

서 있는 사람이 쓰러지지 않을 수 있는 것 역시, 무게 중심으로부터 내려오는 수직선이 그의 두 발바닥의 가장자리 범위 안을 지나가기 때문이다(그림 4). 그래서 밑면이 아주 작고 무게 중심으로부터의 수직선이 밑면 범위 밖으로 벗어나기 쉬운 경우들, 가령 한쪽 발로 서 있거나 심지어 밧줄 위에 서 있는 경우에는 몸을 가누기가 아주 어려운 것이다. 늙은 '바다표범'이 얼마나 이상한 걸음걸이를 가지고 있는지 본 적이 있나? 평생을 흔들리는 배 위에서 생활하는

그림 3. 아르한겔스크의 '기울어진' 종루(옛날 사진에서 복사한 것이다).

뱃사람들을 떠올려 보자. 흔들리는 배 위에서는 무게 중심으로부터의 수직선이 쉴새 없이 밑면(두 발을 디디고 섰을 때 그 바깥 가장자리에 의해 한정되는 공간)의 범위를 벗어나기 때문에, 뱃사람들은 걸음을 옮길 때마다 자기 몸의 밑면이 가능한 한 더 큰 공간을 차지할 수 있도록 두 발을 넓게 벌려 놓는 습관을 들이는데, 이렇게 함으로써 흔들리는 갑판 위에서 안정된 자세를 유지하게 된다(이런 습관은 땅 위를 걸을 때에도 그대로 남아 있게 된다). 그리고 그 반대의 예도 들 수 있는데, 가령 몸의 균형을 유지해야 할 필요 때문에 자세가 아름다워지는 경우가 그것이다. 혹시 머리에 짐을 이고 가는 사람의 모습에 관심을 가져 본 적이 있다면 그 모습이 얼마나 균형 잡힌 것인지 알 수 있을 것이다. 가령 머리에 단지를 이고 있는 여인의 조각상은 그 모습이 우아하기로 유명한데 만일 이 조각상이 조금이라도 기운

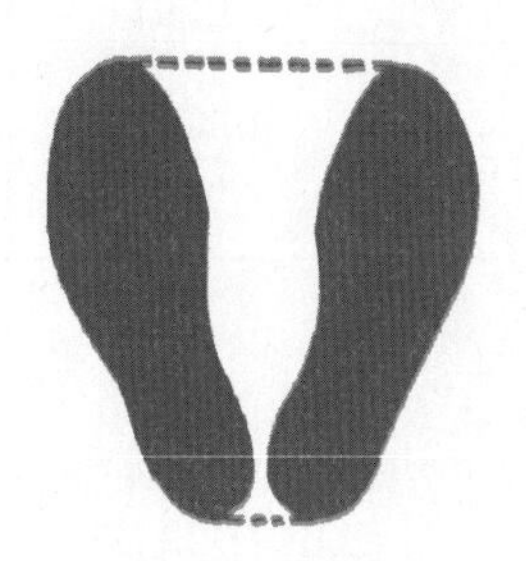

그림 4 사람이 서 있을 때 그 무게 중심으로부터 내려 그은 수직선은 두 발의 가장자리가 만드는 공간 안을 지나가게 된다.

다면 무게 중심이 밑면의 바깥 테두리를 벗어나게 될 것이고(무게 중심이 보통의 경우보다 조금 더 높은 곳에 위치해 있다) 결국 조각상의 몸매의 균형은 깨져 버리고 말 것이다.

다시 의자에 앉아 있는 사람이 일어날 수 있는지 없는지를 알아보는 실험으로 돌아가자. 앉아 있는 사람의 무게 중심은배꼽으로부터 약 20cm 위쪽의 등뼈 부근에 있고 이 무게 중심으로부터 아래쪽으로 수직선을 그어 보면, 수직선이 의자 밑의 발 뒤쪽을 지나간다는 것을 알 수 있다. 하지만 의자에 앉아 있는 사람이 일어서려면 이 수직선은 반드시 두 발 사이를 지나가야만 한다.

그러니까 가슴을 앞으로 내밀어 무게 중심을 이동시키든지 아니면 발을 뒤로 끌어당겨서 지지점을 무게 중심 밑에 두어야만 의자에서 일어설 수 있는 것이다. 물론 실제로 의자에서 일어설 때에는 이런 동작을 먼저 취하게 되는 것이 당연하다. 하지만 이 실험을 통해서 확인할 수 있는 것처럼, 만일 둘 중 어떤 동작도 취할 수 없는 조건이라면, 의자에서 일어선다는 것은 거의 불가능한 일이다.

걷기와 뛰기

일생을 살아가는 동안 우리가 매일 같이 그것도 하루에 수만 번씩 하는 일들이 있다. 물론 여러분은 그것들에 대해 아주 잘 알고 있다고 생각하겠지만 그렇다고 해서 여러분의 생각이 항상 옳은 것은 아니다. 가장 좋은 예로 걷기와 뛰기를 들 수 있는데, 사실 이 두 운동보다 우리에게 더 익숙한 것은 없을 것이다. 하지만 실제로 걷거나 뛸 때, 우리가 자신의 몸을 어떻게 이동시키는지 그리고 이 두 가지 운동이 어떻게 다른지 분명하게 이해하고 있는 사람이 과연 얼마나 될까? 그래서 생리학에서 말하는 걷기와 뛰기를 살펴보려고 하는데, 대부분의 사람들에게 이것은 전혀 새로운 설명으로 다가올 것이다.

어떤 사람이 한쪽 다리, 가령 오른쪽 다리로 서 있다고 하자. 그리고 이 사람이 발뒤꿈치를 살짝 들어올림과 동시에 상체를 앞으로 숙인다고 상상해 보자.* 물론 이런 자세에서는 몸의 무게 중심으로부터 내려온 수직선이 지지 기반 면의 범위를 벗어나게 되고 사람은 앞으로 쓰러질 수 밖에 없을 것이다. 하지만 쓰러지기 시작하자

---

* 이 자세에서 발로 지지점을 밀어 걸음을 옮기게 되면 지지점에는 사람의 체중과 함께 약 20킬로그램의 압력이 추가로 가해지게 된다. 다시 말해서 서 있는 사람보다는 걸어가는 사람이 땅에 더 큰 압력을 가하게 되는 것이다.

마자 공중에 떠 있던 왼쪽 발이 곧바로 앞으로 움직이면서 무게 중심으로부터 내려오는 수직선 앞쪽의 땅을 디디게 된다. 그리고 무게중심으로부터 내려오는 수직선은, 두 발의 지지점을 잇는 선 안에(정확하게는 이 선에 의해 형성되는 지면 안에) 들어오게 된다. 이렇게 해서 몸의 균형이 회복되고 사람은 한 걸음을 내디디게 되는 것이다.

물론 사람은 상당히 힘든 이 위치에서 멈출 수도 있다. 하지만 계속 걸어가려고 할 때 사람은 앞으로 더 많이 몸을 숙이게 되고 또 그렇게 되면 무게 중심으로부터 내려오는 수직선이 지지면 범위 밖으로 벗어나게 된다. 하지만 쓰러지려고 하는 바로 그 순간에 사람은 다시 한번 발을 앞으로 내밀게 된다(이번에는 왼쪽 발이 아니라 오른쪽 발을 내민다. 즉 새로운 걸음을 내디디는 것이다). 이와 같이 걷는다는 것은 '앞으로 쓰러지는 동작의 연속'이며, 쓰러지는 동작은 뒤에 남

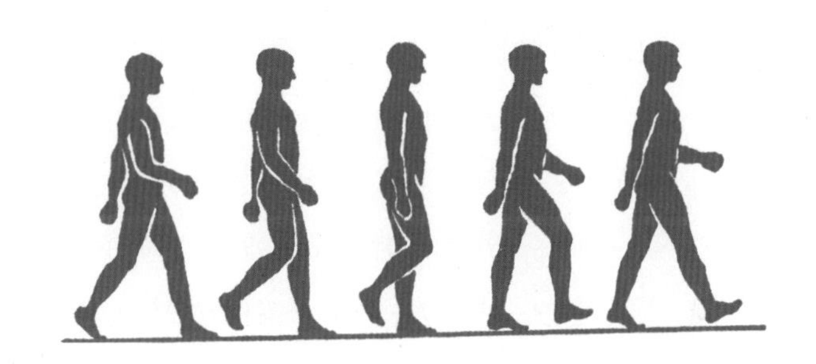

그림 5. 사람의 걷는 모습. 걸어갈 때 몸의 자세가 어떻게 변하는지 연속적으로 나타내 보았다.

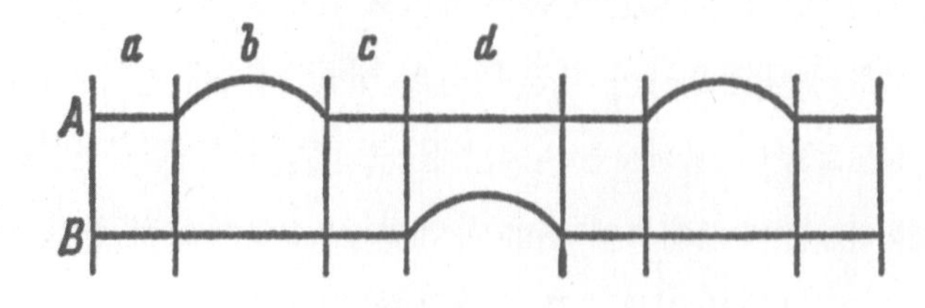

그림 6.
이 그림은 걸을 때의 발 동작을 그래프로 나타낸 것이다. 여기서 위쪽 가로선(A)은 한쪽 발의 동작을, 아래쪽 가로선(B)은 다른 한쪽 발의 동작을 나타낸다. 그리고 가로선의 직선 부분은 발이 땅에 지지될 때를 나타내고 가로선의 호 부분은 발이 땅에 지지되지 않을 때를 나타낸다. 이 그래프에서 알 수 있는 것처럼, 시간 a 에서는 두 발이 땅에 닿아 있다. 그리고 시간 b 에서는 발 A가 공중에 떠 있는 동안 발 B는 계속 땅에 닿아 있다. 시간 c 에서는 두 발이 다시 땅에 닿아 있다. 걷는 속도가 빠를수록 시간 a와 시간 c의 간격은 더 짧아진다(뛸 때의 발 동작을 나타낸, 그림 8의 그래프와 비교해 보라).

아 있던 발이 제때에 지지됨으로써 미리 경고를 받게 되는 것이다.

문제를 좀더 자세히 살펴보도록 하자. 가령 첫 걸음을 내디디고 나면 오른쪽 발은 아직 땅에 닿아 있고 왼쪽 발은 이미 땅을 밟고 서 있게 된다. 하지만 보폭이 아주 짧지만 않다면 아마도 오른쪽 발뒤꿈치가 살짝 들어올려져 있을 것이다. 왜냐하면 발뒤꿈치가 살짝 들어올려져야만 몸이 앞으로 기울어질 수 있고 또 그래야 몸의 균형이 깨지기 때문이다. 그리고 왼쪽 발이 옮겨질 때에는 발뒤꿈치가 먼저 땅에 닿은 다음에 발바닥 전체가 땅에 닿게 되는데, 왼쪽 발바닥이 땅에 닿을 때 오른쪽 발이 공중으로 완전히 들어올려짐과 동시에 무릎이 약간 구부러져 있던 왼쪽 다리가 대퇴 삼두근의 수축에 의해 쭉 펴지면서 순간적으로 수직 상태를 이루게 된다. 왼쪽

그림 7. 사람이 뛰어갈 때 몸이 취하는 자세를 연속 동작으로 나타내었다
(두 발이 땅에 지지되지 않는 순간들이 있다)

다리가 수직 상태로 되면 반쯤 구부러져 있던 오른쪽 다리가 땅에 닿지 않은 채 앞으로 나아갈 수 있고 또 다음 걸음에 맞춰서 제때에 뒤꿈치를 땅에 디딜 수 있는 것이다.

그리고 이번에는 왼쪽 발이 그런 동작들을 취하기 시작한다(발가락만으로 땅에 의지하고 있던 왼쪽 발이 곧바로 공중으로 올라가게 된다).

뛰기가 걷기와 다른 점은, 뛸 때에는 땅을 디디고 있던 다리가 근육의 갑작스러운 수축에 의해 힘차게 펴지면서 몸을 앞으로 내던지게 되고 그 결과 몸이 일순간에 땅으로부터 완전히 떨어지게 된다는 것이다. 그 다음에는 몸이 다른 쪽 발, 즉 몸이 공중에 떠 있는 동안 재빨리 앞으로 이동한 발로 디디면서 다시 땅으로 떨어지게 된다. 이렇게 한쪽 발에서 다른 쪽 발로 도약이 연속적으로 이루어질 때 뛰기가 되는 것이다.

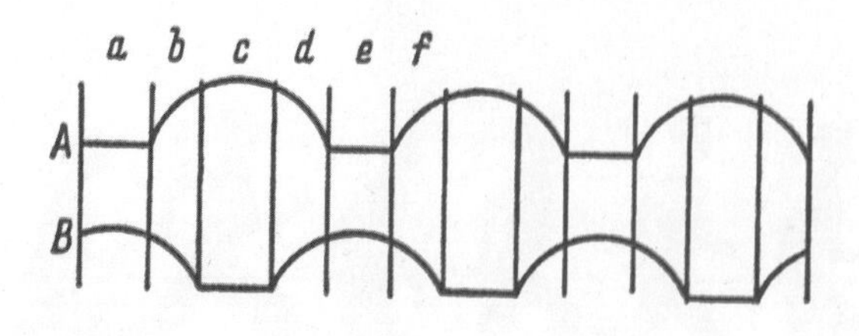

그림 8.
사람이 뛰어갈 때의 발 동작을 그래프로 나타내었다(그림 18과 비교해 보라). 그래프를 보면 알 수 있는 것처럼, 뛰어갈 때 사람의 두 발이 모두 공중에 떠 있는 순간들(b, d, f)이 있다.

수평의 길을 걸어가는 사람이 소비하는 에너지에 대해서 말할 때 어떤 사람들은 그것이 제로와 같다고 생각하지만 사실은 그렇지 않다.

걸음을 옮길 때 보행자의 무게 중심은 몇 센티미터 위로 올라가게 된다. 수평의 길을 걸어갈 때의 일은, 걸어간 거리와 같은 높이만큼 보행자의 몸을 들어올릴 때의 일의 약 15분의 1이 된다는 계산이 나온다 .

달리는 열차에서 뛰어내리는 요령

누군가에게 이렇게 묻는다면, 여러분은 물론 "관성의 법칙에 따라, 운동하는 방향, 즉 앞쪽으로 뛰어야 한다"라는 대답을 듣게 될 것이다. 하지만 여기서 왜 관성의 법칙이 필요한지 그 사람에게 다시 한번 자세한 설명을 부탁해 보자. 분명 그 사람은 자신 있게 자신의 생각을 증명하기 시작할 것이다. 그리고 가만히 내버려 둔다면 아마도 얼마 안 가서 말문이 막혀 버리고 말 것이다. 왜냐하면 그가 내세운 바로 그 관성 때문에 앞이 아닌 뒤, 즉 운동 방향과 반대쪽으로 뛰어야 한다는 결론이 나올 것이기 때문이다!

정말 그렇다. 여기서 관성의 법칙은 부차적인 역할을 할 뿐 주된 원인은 따로 있다. 그리고 설령 이 주된 원인을 잊어버린다 해도, 뒤로 뛰어야 한다는 결론에는 변함이 없다. 무슨 일이 있어도 앞쪽은 아니라는 말이다.

여러분이 달리는 열차에서 뛰어내려야만 한다고 가정해 보자. 그러면 어떤 일이 벌어질까?

달리는 객차에서 뛰어내릴 때 우리의 몸은 객차로부터 떨어져 나온 다음에 객차의 속도를 갖게 될 뿐만 아니라(즉 관성에 따라 움직인

다) 앞으로 운동하려고 한다. 따라서 앞쪽으로 뛰어내리게 되면 열차의 속도가 줄어들기는 커녕 오히려 그 속도가 더욱 증가하게 된다.

이로부터 나오는 결론은 객차의 운동 방향인 앞쪽이 아니라 뒷쪽으로, 객차의 운동 반대 방향으로 뛰어내려야 한다는 것이다. 뒷쪽으로 뛰어내리면, 관성에 의한 우리 몸의 운동 속도가 줄어들게 되고(뒤로 뛸 때 부여되는 속도만큼 줄어든다) 결국 땅에 부딪쳤을 때 우리 몸이 뒤집히려고 하는 힘도 줄어들게 된다.

하지만 만일 달리는 마차에서 뛰어내려야 할 상황이 된다면, 사람들은 누구나 앞으로, 즉 운동 방향으로 뛰어내릴 것이다. 정말 이것이야말로 최선의 방법이고 또 확실하게 입증된 방법이다. 그래서 강력히 경고하건대, 독자 여러분은 달리는 마차에서 뒤로 뛰어내리는 것이 왜 안 좋은지를 시험해 볼 생각은 아예 하지 말기 바란다.

그래서 뭐가 문제란 말일가?

설명이 부정확하고 또 불충분하다는 것이 문제다. 앞으로 뛰어내리든, 뒤로 뛰어내리든 넘어질 위험이 있는 것은 마찬가지다. 왜냐하면 발이 땅에 닿아서 멈추더라도 상반신은 여전히 움직이고 있을 것이기 때문이다. 사실 상반신의 운동 속도는 뒤로 뛰어내릴 때보다 앞으로 뛰어내릴 때가 더 크다. 하지만 더욱 중요한 사실은 앞으로 넘어지는 것이 뒤로 넘어지는 것보다 훨씬 더 안전하다는 것이다. 앞으로 넘어질 때 우리는 습관적으로 발을 앞으로 내밀게 된다(열차의 속도가 아주 빠를 경우에는 몇 걸음을 달려나가게 된다). 그리고 바로 이런 동작을 취함으로써 넘어지는 것을 막을 수 있다. 살아 가는 동안 걷는 일을 늘 반복하고 있기 때문에 이런 동작은 습관적으로 이루어지기 마련이고 또 앞 장에서 이미 알 수 있었던 것처럼, 역학의 관점에서 보더라도 걷는다는 것은 우리 몸이 앞으로 넘어지는 동작의 연속이고 이때 넘어지지 않을 수 있는 것이 바로 발을 앞으로 내밀기 때문이다. 하지만 뒤로 넘어질 때에는 발의 이러한 동작이 잘 이루어지지 않는다. 그래서 위험이 더 클 수 밖에 없는 것이다. 끝으로 또 한가지 중요한 사실을 지적한다면, 앞으로 넘어질 때 손을 앞으로 내밀기 때문에 뒤로 넘어질 때만큼 크게 다치지 않는다는 것이다.

결국 객차에서 앞으로 뛰어내리는 것이 더 안전한 이유는 관성의 법칙 때문이라기보다는 바로 우리 자신 때문이라는 결론이 나온다. 그리고 분명한 것은, 무생물들에게는 이런 원리가 적용되지 않는다는 것이다. 가령 객차 밖으로 유리병을 내던질 경우, 앞으로 내던진 유리병이 뒤로 내던진 유리병보다 더 빨리 깨질 수 있다. 그러니까 만일 여러분이 어떤 이유에서든 짐을 내던지고 난 후에 객차 밖으로 뛰어내려야 할 일이 있다면, 짐은 뒤로 던지고 여러분 자신은 앞으로 뛰어내려야만 한다.

그래서 전차 차장들이나 검표원들 같은 경험 많은 사람들은 보통, 뒤로 뛰어내리되 등을 뛰는 방향, 즉 뒤로 돌리고 뛰어내린다. 이렇게 하면 이중으로 득을 보게 되는데 우선 관성에 의해 우리 몸이 얻게 되는 속도가 줄어든다. 그리고 또 한 가지는 뒤로 자빠지는 위험을 막을 수 있다는 것인데 이것은 뛰어내리는 사람의 몸 앞쪽이 넘어지는 쪽을 바라보고 있기 때문에 가능한 일이다.

탄환을 손으로 잡다

이것은 제국주의 전쟁이 한창이던 시기에 한 프랑스 조종사가 겪었던 아주 희한한 일에 관한 이야기이다.

당시 프랑스 조종사는 지상으로부터 2km 상공을 비행하고 있었다고 한다. 그런데 어디선가 작은 물체 하나가 나타나서 얼굴 근처를 움직이고 있었고 이를 알아차린 조종사가 그것을, 마치 벌레를 잡듯, 손으로 확 잡아 버렸다고 한다. 하지만 그의 손에 잡힌 것은 벌레가 아니었다. 그것은 바로 독일군이 쏜 탄환이었던 것이다. 프랑스 조종사는 정말 기가 막혔다고 한다.

정말이지 이 이야기는 '대포알을 두 손으로 잡았다'고 하는, 전설적인 뮌히하우젠 남작의 꾸며낸 이야기와 너무도 비슷하지 않은가?

하지만 비행기 조종사가 날아가는 탄환을 손으로 잡았다는 이야기는 충분히 가능한 일이다. 왜냐하면 실제로 탄환이 날아갈 때 그 초기 속도(초속 800~900미터)가 계속 유지되는 것은 아니기 때문이다. 발사된 탄환의 속도는 공기 저항에 의해 조금씩 느려지다가 탄도(彈道) 마지막 단계에서 초속 40미터까지 떨어져 결국 비행기의 속도와 같아지게 된다. 그리고 탄환과 비행기의 속도가 같아지게

되면 이 탄환은 (조종사의 입장에서는) 정지해 있는 탄환 또는 겨우 알아차릴 수 있을 만큼 느리게 움직이는 탄환이 되어 조종사의 손에 쉽게 잡히게 되는 것이다(날아가는 탄환이 뜨겁게 가열되기는 하지만 만일 조종사가 장갑을 끼고 있다면 이 또한 아무런 문제가 되지 않는다).

수박 폭탄

앞에서 우리는 총에서 발사된 탄환이 전혀 해를 입히지 않는 경우를 살펴보았는데 이번에는 그 반대의 경우, 즉 대단치 않은 속도로 던져진 '평화적인 물체'가 파괴적으로 작용하게 되는 경우를 살펴보도록 하자. 1924년, 레닌그라드—찌플리스(그루지야공화국 수도 트빌리시의 옛 이름 – 옮긴이) 구간 자동차 경주에 참가한 자동차들이 카프카즈 지역의 한 시골 마을을 막 지나고 있을 때였다. 구경 나온 마을 주민들이 길가에 서서 이들을 환영해 주었고 또 자신들이 준

그림 9. 쏜살같이 달리는 자동차를 향해 수박을 던지면 수박은 '대포알'로 변하고 만다.

비해 온 수박과 멜론과 사과를 경주 참가자들에게 던져 주었다. 하지만 이런 악의 없는 선물이 가져온 결과는 결코 유쾌하지 못한 것이었다. 마을 주민들이 던진 수박과 멜론 때문에 자동차 차체가 우그러지거나 부서져 버렸고 또 사과에 맞은 경주 참가자들은 심한 부상을 입고 말았다. 왜 이런 결과가 빚어졌는지 충분히 이해가 된다. 수박과 사과의 속도에 자동차 속도가 더해지는 순간 수박과 사과는 정말이지 위험천만하고 파괴적인 포탄으로 변해 버린 것이다. 여기서 쉽게 계산할 수 있는 것은, 시속 120km로 질주하는 자동차를 향해 던져진 무게 4kg의 수박은 무게 10g의 총알이 갖는 운동에너지와 똑같은 운동에너지를 갖는다는 것이다. 하지만 단순히 이런 조건만으로 수박의 관통 작용을 총알의 작용과 비교할 수는 없다. 왜냐하면 수박은 총알만큼 단단하지 못하기 때문이다.

가령 대기 상층부, 즉 성층권(대류권(對流圈)과 중간권(中間圈) 사이에 있는, 거의 안정된 대기층. 높이는 약 10~50km－옮긴이)에서 고속으로 날고 있는 비행기들이 있다고 하자. 만일 이 비행기들의 속도가 시속 3000km, 즉 총알의 속도와 같다면 어떻게 될까? 아마도 방금 살펴본 것과 유사한 현상이 일어나게 될 것이다. 비행기의 속도가 너무 빨라서 그 항로 안에 들어오는 모든 것들은 파괴적인 포탄으로 변해 버리고 만다. 심지어 위에서 그냥 떨어져 내리는 한줌의 총알과(날아오는 총알이 아니라 위에서 날고 있는 또 한대의 비행기에서 떨어지는 총알과) 부딪치기만 해도 비행기는 기관총 사격을 받을 때와 똑같은 정도의 타격을 받게 될 것이다. 두 경우 모두 상대속도(相對速度) 가 동일하기 때문에(비행기와 총알은 초속 약 800미터의 속도로 접근하게 된다), 충돌의 파괴적 결과도 동일해 지는 것이다.

이와 반대로, 만일 총알이 비행기 뒤를 따라 날아가고 있고 또 비행기의 속도가 총알의 속도와 같다면 어떻게 될까? 물론, 우리가 이미 알고 있는 것처럼, 총알은 조종사에게 전혀 해를 입히지 않는다. 거의 같은 속도를 갖는 두 물체가 같은 방향으로 움직일 경우 두 물체는 서로 충돌하지 않고 맞닿게 되기 때문이다. 그런데 이런 원리가 실제 상황에서 아주 적절하게 이용된 사례가 있었다. 이것은 1935년에 있었던 일로써 두 열차가 충돌할 뻔했는데 보르쉐프라는 한 기관사가 재치있게 대처함으로써 끔찍한 사고를 막을 수 있었다고 한다. 당시의 상황은 이러했다. 보르쉐프가 몰고 가던 열차 앞에서는 또 한대의 열차가 같은 방향으로 운행하고 있었다. 그런데 이게 어찌된 일인가? 앞서 달리던 열차가 갑자기 멈춰서 버리는 것이 아닌가. 원인은 증기 부족이었다. 멈춰선 열차의 기관사에게는 선택의 여지가 없었다. 기관차와 몇 량의 열차만이라도 끌고 가야 했던 것이다. 결국 나머지 서른여섯 량의 열차는 선로 위에 그대로 남겨지게 되는데, 문제는 남겨진 열차 바퀴 밑에 아무런 받침목도 괴어 놓지 않았다는 것이다. 서른여섯 량의 열차는 시속 15km의 속도로 내리막길을 따라 후진하기 시작했고, 이제 더 이상 두 열차의 충돌을 막을 수 있는 방법은 없는 듯했다. 그런데 바로 그 순간, 위험을 미리 알아차린 보르쉐프가 놀라운 기지를 발휘하게 된다. 보르쉐프는 자신의 열차를 일단 정지시킨 다음 다시 후진하기 시작했는데 이때 열차의 속도를 시속 15km까지 서서히 높여 갔다. 이런 꾀를 생각해 냄으로써 보르쉐프는 아무 사고 없이 서른여섯 량의 열차를 자기 열차에 연결할 수 있었던 것이다.

그리고 이와 마찬가지의 원리를 적용해서, 달리는 열차 안에서도 편안하게 글씨를 쓸 수 있도록 만든 장치가 있다. 사실 달리는 열차 안에서 글씨를 쓰기가 어려운 것은 레일 연결부의 진동이 종이와 펜 끝에 동시에 전달되지 못하기 때문이다. 만일 레일 연결부의 진동이 종이와 펜에 동시에 전달된다면, 종이와 펜은 서로에 대해 정지 상태를 유지할 것이고 그렇게 되면 달리는 열차 안에서도 아주 편안하게 글씨를 쓸 수 있는 것이다.

그림 10에 나와 있는 것처럼, 펜을 쥔 손은 작은 널빤지 a에 묶여

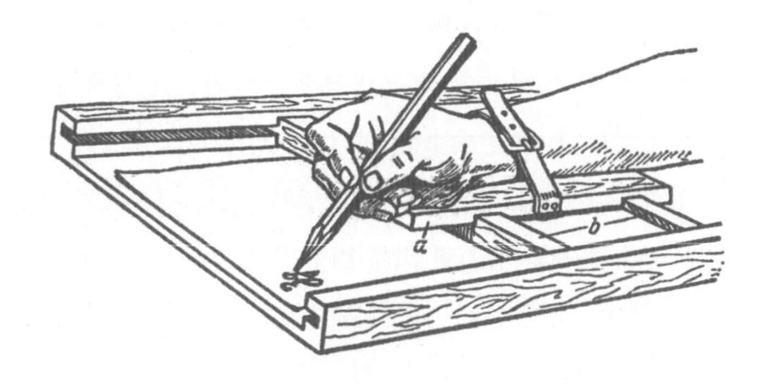

그림 10. 달리는 열차 안에서 편안하게 글씨를 쓸 수 있게 해주는 장치

있다. 널빤지 a는 널빤지 b의 홈을 따라 움직일 수 있고 또 널빤지 b는 책상 위에 놓여 있는 더 큰 널빤지의 홈을 따라 이동할 수 있다. 이렇게 하면 종이에 전달되는 진동과 동일한 강도의 진동이 손에도 동시에 전달된다. 그리고 손의 움직임도 한 글자씩, 한 줄씩 써 나가는 데 불편함이 없을 정도로 자유롭다. 이런 조건이라면 달리는 열차 안에서도 정지해 있는 열차 안에서와 마찬가지로 편안하게 글씨를 쓸 수 있다. 단 하나 방해되는 것이 있다면 종이 위를 향한 시선이 자꾸만 미끄러진다는 것인데, 이것은 레일 연결부의 진동이 머리와 손에 동시에 전달되지 못하기 때문이다.

고무줄처럼 변하는 체중

십진저울(저울추가 무게를 재는 물건보다 10배 가벼운 저울—옮긴이)로 체중을 달 때 정확한 체중을 알기 위해서는 저울판 위에 꼼짝하지 말고 서 있어야 한다. 가령 몸을 굽히게 되면 저울은 실제보다 줄어든 체중을 표시하게 된다. 왜 그럴까? 그것은 상반신을 굽혀 주는 근육이 동시에 하반신을 위로 끌어당김으로써 저울판에 가해지는 하반신의 압력을 줄여주기 때문이다. 이와 반대로, 상반신과 하반신을 각각 다른 방향으로 밀어내는 근육을 써서 몸을 굽히는 동작을 멈추는 순간, 저울판에 가해지는 하반신의 압력이 증가하게 되고 저울은 그만큼 더 늘어난 체중을 표시하게 된다.

민감한 저울의 경우에는 심지어 팔을 들어올리는 동작 하나에도 불안정해지는데, 결과적으로 실제보다 약간 늘어난 체중을 표시하게 된다. 우리 몸에서 팔을 들어올리는 근육은 어깨에 의지하고 있기 때문에 팔을 들어올리게 되면 어깨와 몸통이 아래로 밀리면서 저울판에 가해지는 압력이 증가하게 된다. 또 팔을 들어올리는 동작을 멈출 때에는 반대쪽 근육이 어깨를 위로 끌어당기면서 체중, 즉 저울판에 가해지는 압력도 줄어들게 된다.

하지만 팔을 아래로 내릴 경우에는 정반대의 결과가 나온다. 팔을 아래로 내리는 동안에 체중이 감소하고 팔을 멈추는 순간에 체중이 증가하게 된다. 한마디로 말해서, 내력(물체 내에서 서로 작용하는 힘—옮긴이)의 작용으로 체중을 증가시키거나 감소시킬 수 있다는 것이다.

물체는 어디에서 더 무거울까?

지구가 물체를 끌어당기는 힘, 즉 인력은 물체가 지표면 위로 높이 올라갈수록 감소한다. 가령 무게 1kg의 추를 지표면 위 6,400km의 높이까지 올려놓는다면(지구 중심으로부터 따진다면 이 거리는 지구 반지름의 두 배가 된다), 인력은 2^2배, 즉 네 배 약해질 것이고 용수철 저울의 추는 1000g이 아니라 250g이 될 것이다. 인력의 법칙에 따르면 지구가 외부의 물체들을 끌어당길 때, 만일 지구의 전체 질량이 중심에 집중되어 있다면, 그 인력은 거리의 제곱에 반비례하여 감소하게 된다. 우리가 살펴보고 있는 경우에는 지구 중심에서 추까지의 거리가 두 배로 되었기 때문에 인력은 2^2배, 즉 네 배 감소하였다. 따라서 저울추를 지표면으로부터 12,800km만큼, 즉 지구 중심으로부터 따졌을 때 지구 반지름의 세 배가 되는 거리만큼 멀리 보낸다면 인력을 3^2배, 즉 9배 감소시킬 수 있을 것이다(이렇게 되면 1000g짜리 추의 무게가 총 111g이 될 것이다).

이쯤 되면 누구나, 저울추를 들고 지구 속 깊은 곳으로 들어가면 저울추의 무게가 더 많이 나가는 것을 보게 될 것이라고(즉 물체를 지구 중심 가까이로 가져가면 분명 인력이 강해질 것이라고) 생각하기 마련이

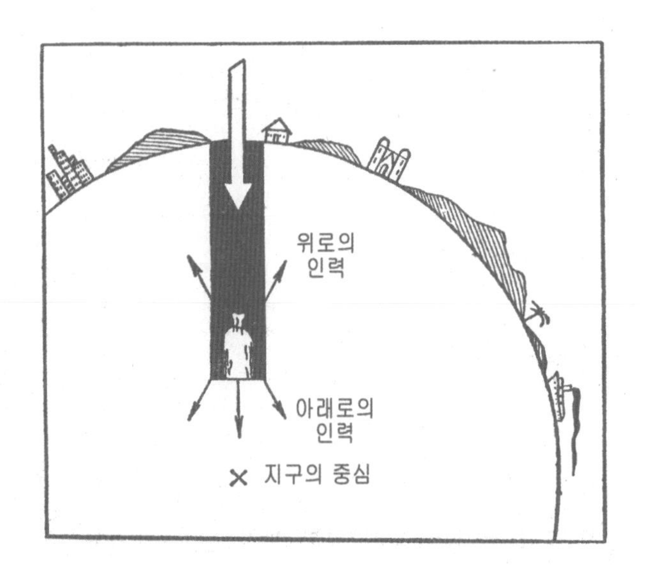

그림 11. 지구 속 깊은 곳으로 들어갈수록 중력이 약해지는 것은 무엇 때문일까?

다. 하지만 이런 추측은 잘못된 것이다. 실제로 지구 속 깊은 곳에서는 지구 입자들의 인력이 물체의 한쪽 면에만 작용하지 않고 여러 면에 동시에 작용하기 때문에 물체의 무게가 늘어나기는커녕 오히려 줄어들게 된다. 그림 11을 보면 알 수 있듯이, 지구 속 깊은 곳에 있는 저울추는 더 아래쪽의 입자들에 의해 아래로 끌어당겨짐과 동시에 자신보다 더 높은 곳에 있는 입자들에 의해 위로도 끌어당겨진다. 결국 지구 중심으로부터 물체가 있는 곳까지의 거리가 지구 반지름보다 작을 경우에는 인력의 작용이 아무런 의미를 갖지 못한다는 것을 증명할 수 있는 것이다. 따라서 물체의 무게는 지구 속으로 깊이 들어갈수록 급속히 감소하게 되고 또 지구 중심에 도달하게 되면 물체는 무게를 완전히 상실하여 무게가 없어지게 된다. 왜냐하면 지구 중심에서는 물체를 둘러싸고 있는 입자들이 사방에서 동일한 힘으로 끌어당기기 때문이다. 결론적으로 물체는 지표면에서 가장 무겁다. 그리고 높은 곳으로 멀어지거나 깊은 곳으로 멀어지면 가벼워진다.*

* 지구의 밀도가 모든 부분에서 동일하다면 그럴 것이다. 하지만 실제로는 지구 중심에 가까워질수록 밀도가 커지기 때문에, 처음 어느 정도 깊이까지는 중력이 증가하다가 그 다음부터 감소하기 시작한다.

물체가 떨어질 때 그 물체의 무게는 얼마나 될까?

엘리베이터를 타고 아래로 내려가기 시작하는 순간 우리는 정말 이상한 느낌을 경험하게 된다. 벼랑 아래로 떨어질 때 느끼게 되는 비정상적인 가벼움, 바로 무중력감이 그것이다. 말하자면 발 밑의 엘리베이터 바닥은 이미 아래로 내려가기 시작했지만 여러분 자신은 아직 엘리베이터의 속도를 얻지 못한 것인데 바로 이 순간(운동의 첫 순간)에 여러분의 몸이 엘리베이터 바닥을 거의 누르지 않고 있기 때문에 몸무게는 아주 적게 나갈 수 밖에 없는 것이다. 하지만 이 이상한 느낌은 눈깜짝할 사이에 사라져 버린다. 왜냐하면 등속도로 움직이는 엘리베이터보다 더 빠른 속도로 떨어지려고 하는 여러분의 몸이 엘리베이터 바닥을 누르게 되고 그 결과 원래의 무게를 되찾게 되기 때문이다.

이번에는 용수철저울을 준비해서 저울 갈고리에 추를 매달아 보자. 그리고 이 저울을 아래로 빨리 내려놓으면서 저울 바늘이 어떻게 움직이는지 잘 지켜 보자(편의상 저울 틈 안에 코르크 조각을 넣어 보자). 그러면 저울이 아래로 떨어지는 동안 저울 바늘은 추의 완전한 중량이 아니라 그보다 훨씬 더 적은 무게를 나타내게 될 것이다! 그

리고 만일 저울이 자유 낙하(정지하고 있던 물체가 초속도(初速度) 없이 중력의 작용만으로 연직 방향으로 낙하하는 것—옮긴이)하고 있고 또 낙하하는 동안 저울 바늘을 지켜볼 수 있다면, 여러분은 추가 전혀 무게가 나가지 않는다는 것(저울 바늘이 0을 가리킨다는 것)을 알게 될 것이다.

아무리 무거운 물체라 하더라도 떨어지는 동안에는 전혀 무게가 나가지 않는다. 왜 그럴까? 그 이유는 간단하다. 보통 물체의 '무게'란 물체가 서스펜션 중심을 잡아당기거나 아니면 자신의 지지점을 누를 때의 힘을 말하는 것인데, 용수철 저울에 달린 물체가 떨어질 때에는 용수철도 함께 떨어지기 때문에 그 물체가 잡아당길 수 있는 것이 아무것도 없는 것이다. 이와 같이, 떨어지는 물체는 아무것도 잡아당기지 않고 또 아무것도 내리누르지 않는다. 그러니까 물체가 떨어질 때 그 물체의 무게가 얼마냐고 묻는 것은 물체가 무겁게 내리누르지 않을 때 그 물체의 무게가 얼마냐고 묻는 것과 전혀 다를 바가 없는 것이다.

역학의 창시자 갈릴레이는 17세기에 쓴 저서*에서 이렇게 쓰고 있다.

> 어깨에 짊어진 짐을 떨어뜨리지 않으려고 애를 쓸 때 우리는 그 짐이 무겁다는 것을 느끼게 된다. 하지만 만일 어깨에 짊어진 짐이 아래로 떨어지는 속도와 똑같은 속도로 우리 몸을 아래로 움직인다면 어떻게 그 짐이 우리를 내리누를 수 있으며 또 어떻게 우리를 무겁게 할

* 갈릴레이의 《신과학의 두 분야에 관한 수학적 증명》을 말한다.

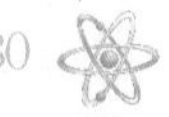

그림 12. 떨어지는 물체는 무게가 나가지 않는다는 것을 증명해 보이는 실험.

수 있겠는가? 이것은 똑같은 속도로 앞서 달리고 있는 누군가를 창으로 찌르고 싶지만 도저히 찌를 수 없는 경우*와 유사하다.

갈릴레이의 이러한 견해는 다음과 같은 간단한 실험을 통해서 그 정확성이 여실히 입증된다.

상업용 저울의 한쪽 저울판에 호두까기 기구를 올려놓는다. 단 기구의 한쪽 다리는 저울판 위에 가만히 놓여 있어야 하고 또 나머지 한쪽 다리는 실로 저울대 갈고리 끝에 잡아맨다(그림 12). 그리고 나머지 한쪽 저울판에는 저울이 평형을 이룰 수 있도록 알맞은 무게의 추를 올려 놓는다. 그런 다음 성냥에 불을 붙여서 실 가까이 가져가 보자. 그러면 실이 타서 끊어지면서 기구의 위쪽 다리가 저울판 위로 떨어질 것이다.

* 물론 창을 던져서는 안 된다. –Y. 페렐만

기구의 위쪽 다리가 저울판 위로 떨어지는 순간 저울에는 과연 어떤 변화가 일어날까? 기구를 올려놓은 저울판이 아래로 내려갈까? 아니면 위로 올라갈까? 그것도 아니면 저울이 계속 평형을 유지하게 될까?

떨어지는 물체는 무게를 갖지 않는다는 사실을 이미 확인하였기 때문에 여러분은 이 질문에 대한 정확한 답, 즉 기구를 올려놓은 저울판이 잠깐 동안 위로 올라가게 된다는 답을 미리 내놓을 수 있을 것이다.

그렇다. 호두까기 기구의 위쪽 다리는, 비록 아래쪽 다리와 계속 연결되어 있기는 하지만, 어쨌든 떨어지는 순간에는 정지해 있을 때보다 더 적은 힘으로 아래쪽 다리를 누르게 된다. 결국 호두까기 기구의 무게가 순간적으로 감소하게 되고 기구를 올려놓은 저울판은 당연히 위로 올라가게 되는 것이다.

포탄을 타고 달로 가다

1865년에서 1870년 사이 프랑스에서 한 권의 판타지 소설이 세상에 나오게 된다. 쥘 베른(Jules Verne—1828~1905, 프랑스의 과학 소설 작가로 '공상 과학 소설(SF)의 선구자'로 불린다—옮긴이)의 장편소설《포탄을 타고 달로 가다》가 그것인데, 이 작품에서 작가는 살아 있는 사람들을 태운 거대한 포탄열차를 달로 보낸다는 기발한 발상을 보여주었다! 게다가 작가의 이러한 기발한 발상이 어찌나 그럴듯하게 묘사되었던지, 이 책을 읽은 대부분의 독자들은 분명 '이런 발상이 현실로 이루어질 수는 없을까?'라는 의문을 가지게 되었을 것이다. 이 이야기를 해보면 흥미로울 것이다.

먼저 살펴보아야 할 것은, 가령 이론상으로라도, 대포를 쐈을 때 포탄이 절대 지구를 향해 떨어져서는 안 되는데 그것이 가능하냐는 것이다. 물론 이론적으로는 가능하다. 하지만 실제로 대포를 발사해 보면 포탄이 수평으로 발사되었음에도 불구하고 결국 그 포탄은 지구로 떨어지고 만다. 왜 그럴까? 그 이유는 지구 인력의 작용으로(즉 지구가 포탄을 끌어당겨서) 포탄의 궤도가 휘어지기 때문인데, 어쨌든 직선이 아닌 곡선(지구를 향해 기울어지는 곡선)을 따라 날아가는 포탄은 결국 땅에 떨어질 수밖에 없는 것이다. 물론 지구의 표면도 휘어져 있기는 마찬가지지만 그래도 포탄의 궤도가 지구 표면보다 훨씬 더 급하게 휘어진다. 만일 포탄 궤도의 곡률(곡선 또는 곡면의 굽은 정도－옮긴이)이 감소해서 지구 표면의 곡률과 같아지게 된다면 그 포탄은 절대 지구로 떨어질 수 없을 것이다! 마치 제 2의 달이 된 듯, 지구 위성이 되어 지구 둘레와 동심의(지구의 둘레와 중심을 공유하는－옮긴이) 곡선을 따라 돌 것이다.

하지만 어떻게 하면 대포에서 발사된 포탄이 지구 표면보다 덜 휘어진 궤도를 따라 날아가도록 할 수 있을까? 방법이 전혀 없는 것은 아니다. 단지 대포에서 발사되는 포탄에 충분한 속도를 부여하기만 하면 되는데, 그것이 어떻게 가능한지 이해하기 위해서 그림 13에 나타낸 지구 단면의 일부를 분석해 보도록 하자.

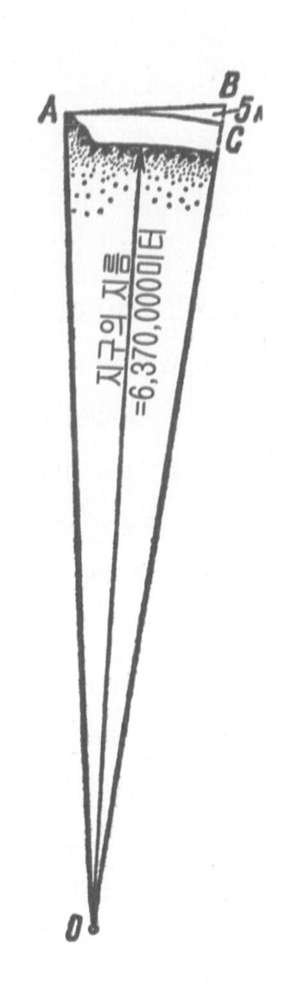

그림 13.
지구로부터 영원히 멀어지는 포탄의 속도를 계산해 보자.

어떤 산 정상의 A 지점에 대포가 있다고 하자(여기서 산의 높이는 무시하기로 하자). 만일 지구 인력의 영향을 받지 않는다면 수평으로 발사된 포탄은 1초 후에 B 지점에 가 있게 될 것이다. 하지만 지구 인력의 영향을 받게 되면 포탄은 1초 후에 B 지점보다 5미터 낮은 곳, 즉 C 지점에 가 있게 된다. 여기서 5미터의 거리란, 중력의 영향을 받으면서 지표면 상공으로부터 자유 낙하하는 모든 물체가 최초의 1초 동안 이동하게 되는(진공 상태에서 이동하게 되는) 거리를 말한다. 만일 5미터 아래로 내려온 포탄이 A 지점에서와 똑같은 높이(지상으로부터)에 있게 된다면 포탄은 지구의 둘레와 중심을 공유하는, 즉 동심의 곡선을 따라 움직이고 있는 것이다.

이제 남은 일은 선분(직선 위의 두 점에 의해 한정된 부분 – 옮긴이) AB(그림 13)의 길이, 즉 포탄이 1초 동안 수평 방향으로 이동하는 거리를 계산하는 것이다. 이 거리만 계산해 낸다면 포탄이 지구로 떨어지지 않고 날아갈 수 있는 발사 속도가 얼마인지도 알 수 있을 것이다. 지구의 반지름 OA(약 6,370,000미터)를 한 변으로 하는 삼각형 AOB로 계산해 보면 선분 AB의 길이를 쉽게 구할 수 있다.

OC = OA, BC = 5미터이므로 OB = 6,370,005미터이다. 그리고 피타고라스의 정리에 따라

$$(AB)^2=(6,370,005)^2-(6,370,000)^2$$

이 식을 계산해 보면 거리 AB는 약 8km라는 것을 알 수 있다.

따라서 빠른 속도의 운동에 결정적인 방해 요인으로 작용하는 공기만 없다면, 초속 8km의 속도로 수평 발사된 포탄은 절대 지구로 떨어지지 않을 것이다. 그리고 지구 주위를 도는 위성처럼 언제까지나 지구 주위를 돌게 될 것이다.

그런데 만일 포탄의 발사 속도가 이보다 더 빨라진다면 포탄은 과연 어디로 날아가게 될까? 천체역학 연구자들이 증명한 바에 따르면, 포구에서 발사된 포탄의 속도가 초속 8, 9km 또는 초속 10km까지 되면 포탄이 타원을 그리면서 지구 주위를 돌게 되는데 이때 포탄의 최초속도가 크면 클수록 타원은 더 길게 늘어나게 된다. 그리고 발사 속도가 초속 11.2km까지 올라가면 이제 포탄은 타원이 아닌 열린 곡선, 즉 포물선을 그리면서 지구로부터 영원히 멀어지게

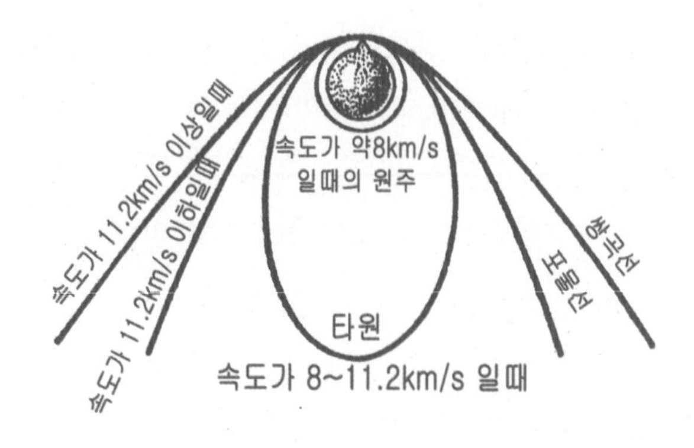

그림 14. 초속 8km 이상의 최초속도로 발사된 포탄의 운명

된다(그림 14).

따라서 충분히 빠른 속도로 발사되기만 한다면 그 포탄을 타고 달로 날아가는 것도 이론상으로는 가능하다는 것을 알 수 있다.

(하지만 이런 추론은 지구를 둘러싸고 있는 대기가 포탄의 운동을 방해하지 않을 경우를 전제로 하고 있다. 실제 조건에서는 포탄의 운동에 저항하는 대기가 존재하기 때문에 포탄이 이처럼 빠른 속도를 얻는다는 것이 지극히 어려운 일이 될 것이다. 아니 어쩌면 도저히 그런 속도에 도달할 수 없을지도 모른다.)

쥘 베른의 달여행

앞에서 말한 쥘 베른의 소설을 읽어본 사람이라면, 포탄이 지구의 인력과 달의 인력이 같아지는 지점을 날아 지나갈 때의 아주 흥미로운 대목을 잊지 못할 것이다. 정말이지 기이한 일이 아닐 수 없었다. 포탄 안에 있던 모든 것들이 자신의 무게를 잃어버렸으며 여행객들의 몸은 허공에 붕 떠버리고 말았다.

작가의 묘사는 아주 정확했다. 하지만 그가 미처 생각하지 못한 것도 있었다. 사실 이런 기이한 현상은 인력이 동일해지는 지점을 지나가기 전에도 그리고 지나간 후에도 관찰되어야만 했다.

실제로 여행객들과 포탄 안의 모든 물건들이 자유 비행의 첫 순간부터 무게를 갖지 않게 된다는 것을 증명해 보이는 것은 그리 어렵지 않다.

어쩌면 이런 말이 황당하게 들릴지도 모르겠다. 하지만 장담하건대 이제 여러분은 '내가 왜 미처 그것을 생각하지 못했을까'하고 스스로 놀라게 될 것이다.

그러면 쥘 베른의 소설에서 그 예를 들어보도록 하자. 아마도 여러분은, 죽은 개가 여행객들에 의해 포탄 밖으로 내던져지는 대목을 기억하고 있을 것이다. 그리고 지구로 떨어지지 않고 오히려 포탄과 함께 계속해서 앞으로 날아가는 개의 시체를 보고 놀라워하는 여행객들도 기억할 것이다. 정말이지 작가의 정확한 묘사와 충실한 설명을 인정하지 않을 수 없는 대목이다. 실제로 진공 상태에서는 모든 물체가 동일한 속도로 낙하한다. 지구의 인력이 모든 물체에 동일한 가속도를 부여하기 때문이다. 앞에서 예로 든 경우에도 이와 마찬가지이다. 포탄과 개의 시체 모두 지구 인력의 영향을 받아 동일한 낙하 속도(동일한 가속도)를 얻게 된다. 아니 더 정확하게 말하자면, 대포에서 발사될 때 전달된 속도가 중력의 영향을 받아 동일하게 감소하게 되는 것이다. 따라서 포탄의 속도와 죽은 개의 속도는 경로상의 모든 지점에서 서로 동일하게 유지되었고 또 바로 이 때문에 개의 시체가 조금도 뒤쳐지지 않고 계속 포탄의 뒤를 따라갈 수 있었던 것이다.

하지만 작가가 미처 생각하지 못했던 것이 있다. 만일 포탄 밖에 있는 개의 시체가 지구를 향해 떨어지지 않는다면 포탄 안에 있다고 해서 굳이 떨어져야 할 이유가 있을까? 안이든 밖이든 작용하는 힘의 크기는 동일하니까 말이다! 지지되지 않은 상태에서 포탄 안에 들어 있는 개의 시체는 공중에 그대로 떠 있을 수밖에 없다. 왜냐하면 개의 시체가 포탄과 완전히 똑 같은 속도를 가지면서 포탄에 대해 정지 상태를 유지하기 때문이다.

죽은 개에게 적용되는 것이라면 승객들뿐만 아니라 포탄 내부의 모든 사물들에게도 적용된다. 경로상의 모든 지점에서 포탄과 포탄 내부의 모든 것들은 동일한 속도를 갖게 되고 따라서 지지되지 않은 상태에서도 아래로 떨어지지 않는다. 가령 포탄 바닥 위에 놓여 있는 의자는 그 다리를 위로 향하게 해서 천장에 두더라도 결코 '아래로' 떨어지는 일이 없다. 왜냐하면 천장과 함께 의자 역시 계속해서 앞으로 질주해 갈 것이기 때문이다. 그리고 승객은 머리를 아래쪽으로 향하고 이 의자에 편안히 앉을 수도 있고 또 포탄 바닥으로 떨어질 염려 없이 그대로 앉아 있을 수도 있다. 도대체 어떤 힘이 이 승객을 떨어지게 만들 수 있겠는가? 만일 이 승객이 떨어진다면, 즉 바닥으로 접근한다면 그것은, 엄밀히 말해서, 포탄이 더 빠른 속도로 날아간다는 것을 의미할 것이다(그러지 않고서는 의자가 바닥으로 접근하는 일은 없을 것이다). 그러나 이것은 불가능하다. 왜냐하면 우리가 이미 알고 있듯이, 포탄 내부의 모든 것들은 포탄이 갖는 가속도와 동일한 가속도를 가지기 때문이다.

그렇다. 작가가 간과한 것은 바로 그것이었다. 그는 포탄이 단 하나, 인력의 영향만을 받으면서 자유롭게 질주할 경우, 포탄 내부의 사물들은 포탄이 정지해 있을 때와 마찬가지로 자신의 지지점을 계속해서 누르게 될 것이라는 잘못된 판단을 내리게 되었는데, 사실 이것은 공간을 이동하는 물체와 그 지지점이 인력의 작용에 의해 동일한 가속도를 얻게 될 경우(그 밖의 다른 외력들, 즉 인력과 공기의 저항력은 존재하지 않는다), 물체와 지지점이 서로를 누르는 것은 불가능하다는 사실을 간과함으로써 빚어진 결과였다.

정리해 보면, 포탄을 움직이는 원동력으로서 가스가 더 이상 아무런 작용도 하지 못하게 되는 순간부터 포탄 속의 사람들은, 마치 깃털처럼 가벼워진 몸으로 허공을 자유롭게 떠다니기 시작한다. 그리고 포탄 속에 있는 다른 모든 것들도 사람과 마찬가지로 전혀 무게가 나가지 않는 것처럼 느껴지게 된다. 바로 이런 징후가 있기 때문에 여행자들은 자신이 우주 공간을 쏜살같이 날아가고 있는지 아니면 계속 대포 안에 남아 있는지를 쉽게 판단할 수 있는 것이다. 그런데 이 소설가는, 여행이 시작되고 30분이 지나는 동안 승객들이 '우리가 지금 날고 있는 거 맞아?'라고 물으면서 쓸데 없는 고민을 했다고 이야기하고 있다.

"니콜, 우리 지금 움직이고 있는 거야?"

포탄의 진동을 느끼지 못한 니콜과 아르단이 서로를 쳐다보았다.

"그러게 말이야! 움직이고 있는 건가?" 아르단이 똑 같은 말을 되풀이했다.

"아니면 플로리다 땅 위에 가만히 누워 있는 건가?" 니콜도 의아하기는 마찬가지였다.

"혹시 멕시코만 바닥에 있는 거 아니야?" 미쉘이 걱정스럽게 물었다.

기선을 타고 여행하는 사람들에게는 이런 의문이 생길 만도 하다.

하지만 거침없이 질주하는 포탄에 몸을 실은 사람들에게 이런 의문이 생긴다는 것은 상상도 할 수 없는 일이다. 왜냐하면 기선을 타고 여행하는 사람들의 경우에는 몸무게가 그대로 유지되지만, 포탄에 몸을 실은 사람들의 경우에는 자신이 깃털처럼 가벼워졌다는 사실을 모를 수가 없기 때문이다.

분명한 것은 이 기상천외한 포탄-열차가 정말이지 이상한 현상으로 다가왔을 것이라는 사실이다. 포탄-열차라는 아주 작은 세계에서 물체가 무게를 잃어버리고, 손에서 놓아 버린 물체가 제자리에 그대로 남아 있고, 사물들이 어떤 자세에서도 평형을 유지하고 그리고 물병이 뒤집어져도 물이 쏟아지지 않는다니……. 하지만 《포탄을 타고 달로 가다》의 작가는 이 모든 것들을 놓쳐 버리고 말았다. 무한한 상상의 나래를 펼칠 수 있었던 그 놀라운 가능성들을 말이다!

정확하지 못한 저울로 정확한 무게 측정하기

무게를 측정할 때 우리는 저울(한 쪽에는 저울추를 다른 쪽에는 무게를 달 물건을 올려놓고 재는 양팔저울을 이야기한다. -옮긴이) 과 저울추를 사용한다. 그렇다면 정확한 무게를 측정하는 데 더 중요한 역할을 하는 것은 둘 중 어느 것일까?

만일 저울도 중요하고 저울추도 중요하다고 생각한다면 그것은 잘못된 생각이다. 비록 저울이 정확하지 못하다 해도 정확한 저울추만 있다면 무게를 정확하게 측정하는 일은 충분히 가능하기 때문이다. 정확하지 못한 저울로 정확한 무게를 측정하는 방법이 몇 가지 있는데 그 중 두 가지 방법에 대해 알아보도록 하자.

첫 번째 방법은 위대한 화학자 D. I. 멘델레예프(1834-1907, 러시아 화학자로서 주기율표를 최초로 작성한 사람들 중 한 사람이었다—옮긴이)가 제안한 방법으로서, 먼저 한쪽 저울판(A) 위에 아무 물건이나 올려놓는다(어떤 것이든 상관없지만 무게를 측정해야 할 물체보다는 무거워야 한다). 그리고 저울이 평형을 이룰 때까지 나머지 저울판(B) 위에 저울추를 하나씩 올려놓는다. 양쪽 저울판이 평형을 이루게 되면 저울판 B 위에 물체를 올려놓는다. 그러면 물체의 무게 때문에 저울이 기울어지게 되는데 바로 이때 저울추들을 하나씩 다시 내려놓으면서 저울의 균형을 맞춰주면 된다. 즉 덜어낸 저울추들의 무게로 물체의 무게를 알 수 있는 것이다. 다시 한번 정리해 보면, 저울이 평형을 이루고 있는 상태에서 물체를 저울판 B 위에 올려놓으면 저울이 기울게 되는데 이때 저울판 B의 저울추들을 하나씩 다시 내려놓으면 저울이 다시 평형을 이루게 된다. 즉 내려놓은 저울추들의 무게가 물체의 무게와 같아지는 것이다.

흔히 '고정하중법'이라고 부르는 이 방법은 특히 몇 개의 물체를 하나씩 차례로 저울에 달아야 할 때 아주 편리하게 이용할 수 있는데, 최초의 하중이 그대로 유지되어 이어지는 무게 측정들 모두에 이용된다는 점이 그 특징이라 하겠다.

두 번째 방법은, 이 방법을 제안한 학자의 이름을 따서 '보르드의 방법'(Jean Charles de Borda, 1733-1799, 프랑스 물리학자—옮긴이)이라고 한다. 우선 무게를 측정해야 할 물건을 한쪽 저울판에 올려놓는다. 그리고 나머지 한쪽 저울판 위에 모래나 조각들을 부어서 저울이 평형을 이루도록 한다. 저울이 평형을 이루게 되면 이제 한쪽 저울판의 물건을 내려놓고(이때 모래에 손을 대서는 안 된다) 그 자리에 저울추들을 하나씩 올려서 저울이 다시 평형을 이루도록 한다. 저울이 다시 평형을 이루게 되는 순간 물건 대신 올려놓은 저울추들의 무게가 물건의 무게와 같아지는 것이다. 이런 원리 때문에 흔히 이 방법을 '치환계량'이라고도 한다.

저울판이 하나인 용수철저울의 경우에도 이런 간단한 방법이 적용될 수 있는데, 단 이 경우에는 모래나 조각들을 모아둘 필요가 없고 그냥 정확한 저울추만 준비하면 된다. 우선 무게를 측정해야 할 물건을 저울판 위에 올려놓은 다음 저울 바늘이 어느 눈금 위에 멎는지 잘 봐 두자. 그 다음에 저울판 위의 물건을 내려놓고 그 자리에 저울추를 하나씩 올려놓으면 어느 순간 저울 바늘이 가리키는 눈금이 물건을 올려놓았을 때의 눈금과 같아지는 순간이 오게 되는데, 바로 이때 저울판 위에 놓여 있는 저울추들의 무게가 곧 물건의 무게인 것이다.

자기자신보다 더 강하다

우리가 팔로 들어올릴 수 있는 짐의 무게는 과연 얼마나 될까? 가령 10kg을 들어올릴 수 있다고 하자. 그러면 여러분은 이 10kg이라는 무게가 팔 근육의 힘을 결정한다고 생각할지도 모르겠다. 하지만 사실은 그렇지 않나. 근육은 우리가 생각하는 것보다 훨씬 더 큰 힘을 낼 수 있다! 가령 이두근(二頭筋)이라는 팔 근육의 작용을 잘 살펴보면(그림 15). 이두근은 지레, 즉 전완(前腕) 뼈(아래팔 뼈 또는 팔뚝 뼈—옮긴이)의 받침점(팔꿈치—옮긴이) 근처에 붙어 있고, 짐은 바로 이 살아 있는 지레의 다른 쪽 끝에서 작용하고 있다. 짐에서 받침점, 즉 뼈마디까지의 거리는 근육 끝에서 받침점까지의 거리보다 거의 8배나 더 길다. 따라서 만일 짐의 무게가 10kg이라면 근육은 8배 더 큰 힘으로 잡아당기게 되는 것이다. 우리의 팔보다 8배 더 큰 힘을 내는 근육은 10킬로그램이 아니라 80킬로그램의 무게를 직접 들어올릴 수 있을 것이다.

여기서 과장없이 말할 수 있는 것은, 누구나 자기자신보다 훨씬 더 큰 힘을 낼 수 있다는 것이다. 즉 우리 근육은 우리가 움직일 때 발휘되는 것보다 훨씬 더 큰 힘을 낸다는 말이다.

그렇다면 과연 이런 구조를 합리적인 구조라고 할 수 있을까? 언뜻 보면 결코 그렇지 않은 것 같다—여기서 우리는 그 어떤 것으로도 보상되지 않는, 힘의 상실을 보게 된다. 하지만 여기서 오래 전의 '황금률'을 한번 떠올려 보자.

힘에서 손실을 보는 것은 이동에서 이익을 본다. 바로 여기서 속도의 이익이 일어나게 된다. 우리의 팔/손은 그것을 움직이는 근육보다 8배나 더 빨리 움직인다. 동물의 몸에서 보게 되는 것처럼, 근육이 이런 식으로 고정되게 되면 수족이 민첩하게 움직일 수 있게 된다(생존 경쟁에서 보다 중요한 역할을 하는 것은 사실 힘보다는 민첩함이라고 할 수 있다). 만일 우리의 팔다리가 이런 구조로 이루어지지 않았더라면 아마도 우리는 극히 느리고 굼뜬 존재가 되어버렸을 것이다.

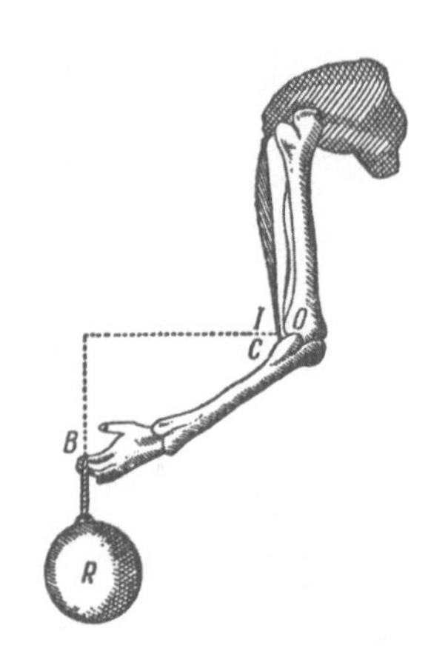

그림 15. 전박 C는 지레 역할을 한다. 작용하는 힘은 상완 이두근의 끝부분에 걸린다. 지레의 받침점은 O이며 OB의 길이는 O와 이 근육의 끝부분의 길이의 약 8배이다.

끝이 뾰족한 물건은 왜 콕콕 찌르는 것일까?

이번에는 아주 쉽게 물건을 뚫고 지나가는 바늘에 대해서 생각해 보도록 하자. 가령 가느다란바늘로 천이나 마분지를 뚫는 것은 간단한 일이지만 끝이 뭉툭한 못으로 그것들을 뚫기란 여간 어려운 일이 아니다. 얼핏 봐서는 두 경우 모두에서 똑같은 힘이 작용하고 있는 것 같은데도 말이다.

물론 나사나 마분지에 작용하는 힘은 두 경우 모두 동일하다. 하지만 바늘과 못이 가하게 되는 압력은 서로 다르다. 바늘의 경우에는 모든 힘이 바늘의 뾰족한 끝에 집중되지만 못의 경우에는 그와 똑 같은 힘이 못 끄트머리의 넓은 면에 배분되기 때문에 팔에 똑같은 힘을 준다 하더라도 바늘의 압력이 뭉툭한 못의 압력보다 훨씬 더 커지게 되는 것이다.

가령 이가 20개 달린 써레(갈아 놓은 논바닥을 고르거나 흙덩이를 잘게 부수는 농기구. 긴 각목에 둥글고 끝이 뾰족한 살을 7~10개 정도 빗살처럼 나란히 박고 위에 손잡이를 가로 대는데, 각목 양쪽에는 끈을 달아 말이나 소가 끌 수 있도록 되어 있다—옮긴이)와 이가 60개 달린 써레 중에(이때 두 써레의 무게는 동일하다) 어느 써레가 땅을 더 깊이 부드럽게 할까 라는 질문을 받는다면 사람들은 누구나 20개의 이를 가진 써레라고 답할 것이다. 왜 그럴까? 그것은 각각의 이에 가해지는 하중이 두 번째 경우보다는 첫 번째 경우에 더 커지기 때문이다.

이처럼 압력에 대해 말할 때에는, 힘뿐만 아니라 그 힘의 작용을 받게 되는 면적에 대해서도 고려해야만 한다. 가령 누군가가 백만 원의 임금을 받는다는 얘기를 들었다고 하자. 하지만 이 얘기만 듣고 그 돈이 많은 돈인지 아니면 적은 돈인지를 판단한다는 것은 어불성설이다. 왜냐하면 그것이 1년 동안 받는 임금인지 아니면 한달 동안 받는 임금인지 아직 알지 못하기 때문이다. 이와 마찬가지로 힘의 작용 역시 그 힘이 1제곱 센티미터에 배분되는지 아니면 100분의 1제곱 밀리미터에 배분되는지에 따라 서로 달라지게 되는 것이다.

또 한가지 예를 든다면, 가령 스키를 신은 사람은 푸석푸석한 눈 위에서도 잘 다닐 수 있는 반면 스키를 신지 않은 사람은 영락없이 눈 속에 빠지고 만다. 왜 그럴까? 그것은 스키를 신지 않았을 때보다 스키를 신었을 때 몸의 압력이 훨씬 더 넓은 표면에 배분되기 때문이다. 가령 스키 바닥의 표면이 우리 발바닥의 표면보다 20배 더 넓다고 한다면, 스키를 신은 채로 눈 위를 디디고 있을 때의 압력은 그냥 발을 디디고 서 있을 때의 압력보다 20배나 더 약해지게 된다. 다시 말하자면 푸석푸석한 눈은 스키를 신은 발의 압력은 견딜 수 있지만 맨발의 압력은 견디지 못하는 것이다.

진창 속에서 일해야 하는 말의 발굽에 별도의 '발싸개'를 씌어주는 것도 이와 똑같은 이유에서인데 실제로 발싸개를 씌우게 되면 발의 지지 면적이 늘어나서 진창 표면에 가해지는 압력이 줄어들게 되고 결과적으로 말의 발이 진창에 빠지는 것을 막을 수 있다. 사람의 경우에도 마찬가지다. 가령 덧신 같은 것을 신게 되면 진창에 빠지지 않고 잘 다닐 수 있는 것이다.

이와 비슷한 예를 또 하나 든다면, 얇게 언 얼음 위를 기어서 가는 경우가 되겠다. 즉 기어가게 되면 지지 면적이 늘어나서 사람의 체중이 보다 더 넓은 면적에 나뉘어 실릴 수 있는 것이다.

끝으로 탱크와 무한궤도 트랙터를 예로 들어 보자. 사실 탱크와 무한궤도 트랙터의 무게는 우리가 생각하는 것보다 훨씬 더 많이 나간다. 하지만 그럼에도 불구하고 푸석푸석한 땅에 빠지지 않고 잘 다닐 수 있는 것은 무엇 때문일까? 물론 이것 역시 더 넓은 지지 면적에 무게가 나뉘어 실리기 때문이라고 그 이유를 설명할 수 있겠다. 실제로 무게가 8톤 이상 나가는 무한궤도차가 1제곱 센티미터의 지면에 가하게 되는 압력이 600그램을 넘지 못한다. 그리고 더욱 흥미로운 것은 질퍽질퍽한 땅 위에서 짐을 옮기는 화물차들 중에 2톤의 짐을 싣고도 1제곱 센티미터의 지면에 가하는 압력이 겨우 160그램 밖에 안 되는 화물차도 있다는 사실인데 결국 지면에 가해지는 압력을 분산시킴으로써 습지와 질퍽질퍽한 땅 그리고 모래로 뒤덮인 땅에서도 잘 다닐 수 있게 되는 것이다.

바늘의 경우에 지지 면적이 좁아서 기술적으로 유리했다면 여기서는 지지 면적이 넓다는 것이 기술적으로 유리 한 것이다.

지금까지 살펴본 것을 종합해 보면, 끝이 뾰족한 물체가 물건을 쉽게 뚫을 수 있는 것은 다만 힘의 작용이 분산되는 면적이 매우 작기 때문이라는 사실을 알 수 있을 것이다. 가령 날카로운 칼이 무딘 칼보다 더 잘 드는 것도 그와 똑같은 이유, 즉 힘이 더 작은 공간에 집중되기 때문인데, 결론적으로 말한다면, 뾰족한 끝과 날카로운 날에 큰 압력이 집중되기 때문에 잘 뚫고 잘 자를 수 있다는 것이다.

등받이가 없는 둥근 나무 의자에 앉아 있으면 딱딱하고 불편하다. 그런데 역시 나무로 되어 있지만 등받이가 있는 의자에 앉아 있으면 전혀 딱딱하지 않은 느낌이 든다. 그것은은 무엇 때문일까? 아주 딱딱한 끈으로 엮어 만든 그물침대에 누워 있는데도 푹신한 느낌을 받는 것은 또 무엇 때문일까? 그리고 스프링 매트리스 대신 안에 철사망을 넣은 침대에 누워 있어도 딱딱하지 않은 것은 무엇 때문일까?

잘 살펴보면 쉽게 그 이유를 알 수 있다. 둥근 나무 의자의 표면은 평평하기 때문에 몸과 의자의 표면이 좁은 면적에서 서로 맞닿게 되어 우리의 체중이 좁은 면적에 집중되어 실리게 된다. 하지만 등받이가 있는 의자의 표면은 안으로 오목하게 굽어 있기 때문에 몸이 의자 표면의 더 넓은 면적과 맞닿게 되어 우리의 체중이 넓은 면적에 나뉘어 실리게 된다. 즉, 단위 면적당 실리는 무게와 압력이 작아지기 때문이다.

결국 모든 문제는 압력이 얼마나 고르게 배분되느냐에 달려 있다. 가령 부드럽고 푹신푹신한 침대에 눕게 되면 침대에는 우리 몸의 울퉁불퉁한 부분이 들어맞을 수 있도록 오목한 부분이 생기게 된다. 이때 우리 몸 아래의 표면과 침대의 오목한 부분을 따라 압력이 고르게 배분되기 때문에 제곱 센티미터당 발생하게 되는 압력은 고작해야 몇 그램밖에 안 되는 것이다. 자 이런 조건에서 편안함을 느끼는 것은 당연한 일이 아닐까?

게다가 이러한 두 경우를 수로 표현해 보면 그 차이가 확연하다는 것을 알 수 있다. 성인을 기준으로 했을 때 우리 몸의 표면 면적은 약 2제곱 미터 또는 20,000제곱 센티미터이다. 그리고 우리가 잠자리에 무게를 싣고 누워 있을 때 우리의 몸이 잠자리와 맞닿게 되는 면적은 몸 전체 표면의 약 1/4, 즉 0.5제곱 미터 또는 5,000제곱 센티미터가 된다. 그러니까 우리의 체중이 평균 약 60킬로그램 또는 60,000그램이라고 했을 때, 접촉면 1제곱 센티미터에 상당하는 무게는 모두 12그램이 되는 것이다. 그런데 만일 아무것도 깔지 않은 맨 판자 위에 눕는다면 몸의 표면과 지지면이 맞닿는 부분의 면적이 약 100제곱 센티미터에 불과하게 되고 따라서 접촉면 1제곱 센티미터에 가해지는 압력도 10 몇 그램이 아니라 500그램 이상으로 늘어나게 된다. 그러면 우리는 곧바로 그 확연한 차이를 느끼고서 '이건 너무 딱딱해'라고 말하게 되는 것이다.

하지만 몸의 압력이 지지 표면에 넓게 분산되기만 한다면, 우리는 아주 딱딱한 침상 위에 누워 있다 하더라도 절대 딱딱하다는 느낌을 받지 않을 수 있다. 가령 푹신푹신한 진흙 위에 누웠다가 일어나면 진흙 위에 우리 몸의 형태가 그대로 찍혀서 우묵한 자리가 생기게 되고 우리는 그것이 다 마를 때까지 기다렸다가(다 마르고 나면 진흙이 5~10% 만큼 내려앉게 되지만, 이런 일이 일어나지 않는다고 하자). 돌처럼 단단해지고 나면 우묵하게 눌려 들어간 곳, 즉 돌처럼 딱딱해진 자리에 다시 드러눕는다고 해 보자. 그러면 말 그대로 돌 위에 누워 있음에도 불구하고 여러분은 딱딱함을 느끼기는 커녕 마치 푹신푹신한 깃털침대 위에 누워 있는 듯한 느낌, 그리고 마치 전설 속의 레비아탄(페니키아 신화에 등장하는 사나운 바다 괴물로, '리탄' 또는 '샤리트'라고도 불린다. 레비아탄은 히브리어로 '돌돌 감긴'을 의미하며, 그 기원은 악어나 고래로 추정된다—옮긴이)이 된 듯한 느낌을 갖게 될 것이다.

로모노소프(1711~1765, 러시아의 철학자, 과학자 – 옮긴이)는 다음과 같이 레비아탄을 묘사하고 있다.

> 뾰족한 돌들 위에 눕는다
> 그리고 그 돌들의 딱딱함을 경멸한다
> 위대한 힘의 강인함을 위해
> 돌들을 푹신푹신한 침전물이라 여기면서

하지만 그가 침상의 딱딱함을 느끼지 못하는 것은 '위대한 힘의 강인함'이 아니라 체중이 아주 넓은 지지 표면에 배분되기 때문이다.

E=MC2
P=mg

CHAPTER 4

연이 하늘 높이 날아오를 수 있는 이유는 뭘까? –매질의 저항

총알과 공기

공기가 총알의 운동에 방해가 된다는 사실은 누구나 알고 있을 것이다. 그렇다면 총알의 운동을 방해하는 공기의 저항력이 얼마나 큰지 확실히 알고 있는 사람은 몇이나 될까? 아마 대부분의 사람들은, 공기가 아주 부드러운(심지어 그 존재를 느끼지도 못할 정도로 부드러운) 매질이기 때문에 총알의 빠른 운동에 크게 방해가 되지는 않는다고 생각할 것이다.

하지만 그림 1을 보면, 공기가 총알의 운동에 얼마나 심각한 장애

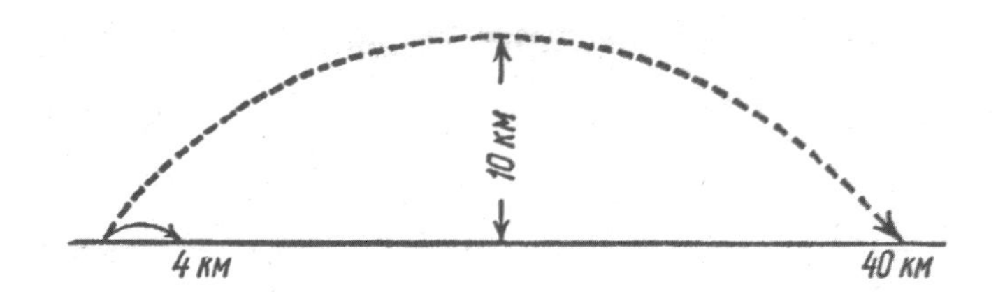

그림 1.
진공(眞空)을 날아가는 탄환의 진로와 공기를 가르며 날아가는 탄환의 진로. 큰 호는 대기가 없다고 가정했을 때의 탄환의 진로를, 왼쪽의 작은 호는 실제 탄환의 진로를 나타낸다.

물이 되는지 알 수 있다. 그림에서 큰 호는 대기가 존재하지 않는다고 가정했을 때 총알의 탄도를 계산한 것인데, 가령 초속 620미터의 초기속도와 45도의 각도로 발사된다면, 총알은 높이 10km의 거대한 호를 그리면서 40km나 날아가게 될 것이다. 그런데 실제에서도 이와 똑같은 결과가 나올까? 절대 그렇지 않다. 똑같은 조건에서 공기의 저항을 받게 되면 총알은 상대적으로 작은 호를 그리게 되고 날아가는 거리도 4km밖에 되지 않는다. 결국 공기의 저항이 있느냐 없느냐에 따라서 두 호의 크기가 확연히 달라지게 되는 것이다(그림 1). 만일 공기만 없다면 우리는 40km 떨어진 곳에서도 충분히 사격을 가할 수 있을 것이고 적군은 10km 상공에서 쏟아지는 총알 세례를 받게 될 것이다.

원거리 사격

제국주의전쟁(제1차 세계대전-옮긴이)이 끝나가던 무렵인 1918년, 독일군 포병은 최초로 100km 이상 떨어진 거리에서 적군을 향해 사격을 가하기 시작했다. 하지만 프랑스와 영국 항공단의 성공으로 독일군의 공습이 수포로 돌아갔다. 그래서 독일 사령부는 전선으로부터 110km 이상 멀리 떨어져 있는 프랑스 수도를 포사격으로 공격할 수 있는 다른 방법을 선택하기에 이른다.

당시까지만 해도 이 방법은 어느 누구도 시도한 적이 없는 전혀 새로운 방법이었다. 하지만 독일군 포병이 마침내 그 방법을 찾아냈다. 하루는 대구경의 포를 큰 앙각으로 발사했는데 포탄이 20km를 넘어 40km 거리까지 날아가 버린 것이다. 알고 보니, 발사 속도가 아주 빠르고 또 급경사로 쏘아 올렸기 때문에 포탄이 공기가 희박한 대기층, 즉 공기의 저항이 아주 미미한 대기층까지 도달할 수 있었고 또 매질이 약했기 때문에 상당한 거리를 날아갈 수 있었던 것이다(물론 그 다음에는 역시 급경사를 이루며 땅으로 곤두박질치게 된다). 그림 2에서 우리는, 앙각의 변화에 따라 각 포탄의 탄도가 얼마나

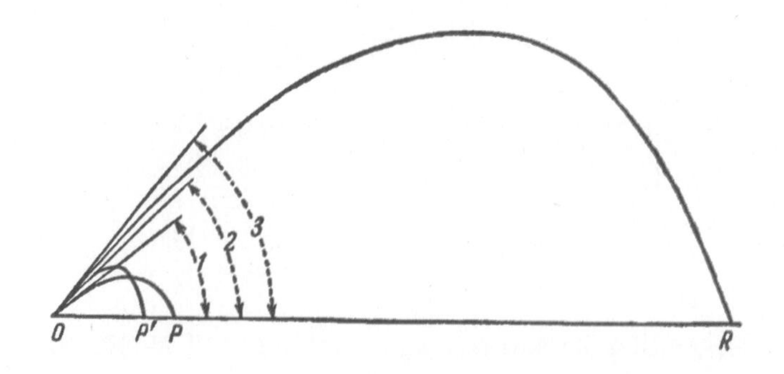

그림 2.
초원거리 포의 경사각이 변하면 포탄의 사정 거리도 변하게 된다. 1번 발사각일 때의 탄착점은 P 지점이고 2번 발사각일 때의 탄착점은 P1 지점이 된다. 그리고 3번 발사각일 때에는 포탄이 공기가 희박한 대기층까지 높이 날아오르기 때문에 사정거리는 단번에 몇 배로 늘어나게 된다.

크게 달라지는지 한눈에 알아볼 수 있다.

이러한 관찰의 결과는 독일인들이 사정거리 115km의 원거리사격 대포를 설계 • 제작하는 데 결정적인 역할을 했다. 그리고 1918년 여름, 이 대포는 3백발 이상의 포탄을 파리에 쏟아 붓게 된다.

나중에야 알려진 사실이지만, 이 대포는 폭 1m(후미 내벽의 두께만 40cm), 길이 34m의 거대한 강철관으로 전체 무게가 무려 750톤에 달했다고 한다.길이 1m, 두께 21cm의 포탄 역시 그 무게가 120kg에 달했는가 하면 150kg이나 되는 장약은 5000기압이라는 어마어마한 압력을 발생시켜 포탄의 초기 속도를 초속 2,000m까지 끌어올릴 수 있었다고 한다. 52도의 사각(射角)(포구가 위로 향했을 때, 포신이 수평면과 이루는 각—옮긴이)으로 발사된 포탄은 지상 40km 지점을 정점으로 하는 거대한 호를 그리면서 성층권 깊숙한 곳까지 날아갔고, 파리까지 115km의 거리를 3분 30초 만에 날아갈 수 있었다(성층권을 통과해 날아간 시간이 그 중 2분이나 된다).

바로 이것이 오늘날의 원거리포의 시조 격인 최초의 원거리 대포였다.

총알의 초기 속도가 크면 클수록 공기의 저항은 현저히 커지게 되는데, 속도에 비례해서가 아니라 속도의 제곱 에 비례해서 또는 그 이상의 비율로 커지게 된다.

연이 하늘 높이 날아오를 수 있는 이유는 뭘까?

연줄을 잡고 앞으로 잡아당기면 연이 위로 날아오른다는 것을 모르는 사람은 없을 것이다. 하지만 왜 그렇게 되는지 설명을 시도해 본 사람은 얼마나 될까?

만약 그 이유를 설명할 수 있다면, 우리는 비행기가 어떻게 날 수 있는지, 단풍 씨앗들은 어떻게 공중을 날아다닐 수 있는지 알 수 있을 것이고, 또 부메랑이 이상하게 날아다니는 이유도 어느 정도 알 수 있을 것이다. 알고 보면 이 모든 현상들은 똑같은 성격을 지니고 있다. 그래서 한편으로는 공기가 총알과 포탄의 운동에 심각한 장애물이 되지만 다른 한편으로는 단풍나무의 가벼운 열매와 종이 연 그리고 수십 명의 승객을 태운 비행기가 나는 데 필요조건이 되기도 한다.

그림 3은 연이 날아오르는 원리를 간략한 그림으로 나타낸 것인데, 연의 절단면 MN이 기울어 있는 것은 줄을 잡아당길 때 꼬리의 무게로 인해 연이 기울어지기 때문이다. 자 이제 연이 오른쪽에서 왼쪽으로 움직이고 있고 또 수평선에 대해 기울어 있는 연의 각도

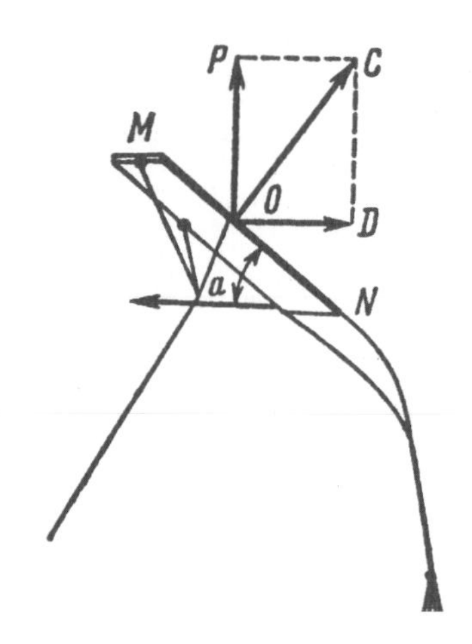

그림 3. 종이 연에 작용하는 힘들.

가 a라고 했을 때, 연 표면에 어떤 힘들이 작용하게 되는지 알아보도록 하자. 물론 공기가 어느 정도의 압력을 가하면서 연의 움직임을 방해할 것이 틀림없다. 그런데 공기의 압력은 연 표면에 항상 수직으로 작용하기 때문에 화살표 OC는 선 MN과 직각을 이루게 되고, 이때 이른바 힘의 평행사변형법에 따라 두 개의 힘 OD와 OP로 나누어지게 된다. 그 중 하나(힘 OD)는 연을 뒤로 밀어 연의 초기 속도를 떨어뜨리고 또 다른 하나(힘 OP)는 연을 위로 끌어당겨 연의 무게를 감소시킨다. 그리고 이 힘이 연의 무게를 감당할 만큼 충분히 커지게 되면 연은 공중으로 날아오르게 된다.

비행기가 나는 것도 똑 같은 원리로 설명할 수 있다. 단 비행기의 경우에는 팔 힘 대신 프로펠러나 제트엔진의 동력이 이용된다는 차이가 있을 뿐이다. 즉 프로펠러와 제트엔진의 동력에 의해 비행기가 전진 운동을 하게 되고 그 결과 공중으로 날아오르게 되는 것이다. 하지만 이것은 현상의 대략적인 도식에 불과하다. 비행기를 공중에 뜨게 만드는 또 다른 조건들이 있는데 그것들에 대해서는 나중에 다시 살펴보게 될 것이다.

살아 있는 글라이더

흔히들 비행기는 새의 모양과 비슷하게 만들어졌다고 생각한다. 하지만 사실 비행기의 구조는 날다람쥐와 가죽날개원숭이 또는 날치의 모양과 비슷하게 이루어져 있다. 재미있는 것은 이 동물들이 자신의 비행막을 이용하는 것은 위로 올라가기 위한 것이 아니라 단지 큰 도약(비행사들은 아마 〈활공 하강〉이라고 표현할 것이다.)을 하기 위한 것이라는 사실이다. 힘 OP(그림 3)는 이 동물들의 몸무게를 완전히 상쇄시키기에는 불충분하다. 즉 단지 동물들의 무게를 줄여주고 그렇게 함으로써 높은 곳으로부터 아주 큰 도약을 할 수 있도록 도와주는 역할을 할 뿐이다(그림 4). 날다람쥐는 하나의 나무 꼭대기에서 다른 하나의 낮은 가지들로 뛰어 옮겨가면서 20~30미터의 거리를 이동한다. 동인도와 실론(오늘날의 스리랑카—옮긴이)에는 훨씬 더 큰 날다람쥐 종(taguan)이 살고 있는데 크기가 일반적인 고양이만하다.

이 날다람쥐가 자신의 '활공기'를 펼치면 그 폭이 50cm에 달한다. 비행막의 크기가 이렇게 크기 때문에 비교적 무거운 몸무게에

그림 4. 날다람쥐의 비행. 날다람쥐는 높은 곳에서 점프하여 20~30미터나 날아간다.

도 불구하고 약 50m나 되는 거리를 날아 이동할 수 있는 것이다. 그리고 순다(Sunda)열도(말레이제도 서쪽에 있는 섬 무리—옮긴이)와 필리핀제도에 사는 가죽날개원숭이는 점프 거리가 70m나 된다.

동력 없이 비행하는 식물

식물은 과실이나 종자를 널리 퍼뜨리기 위해 글라이더의 도움을 받는다. 그래서 많은 과실이나 종자에는 낙하산의 역할을 하는 털다발이 붙어 있거나 튀어나온 부분들이 있어 날개의 역할을 한다. 이러한 식물 글라이더는 침엽수, 단풍나무, 느릅나무, 자작나무, 보리수, 미나리과 식물 등에서 볼 수 있다. 폰 마릴라운 케르너의 유명한 저서《식물의 생활》에 다음과 같은 대목이 나온다.

햇빛이 내려쬐는 바람 없는 날에는 과실이나 종자의 대부분이 상승기류를 타고 아주 높이 올라가지만 해가 지고 나면 보통은 다시 그 자리에 내려앉게 된다. 이러한 비행은 식물을 널리 퍼뜨리기 위해서라기 보다는 오히려 종자가 도달하기 어려운 높은 벼랑이라든가, 바위가 갈라진 틈새 등에 씨를 퍼뜨리기 위한 수단으로서 중요한 의미를 갖는다. 수평으로 흐르고 있는 기단이라면 공중을 날고 있는 과실이나 종자를 아주 먼거리까지 실어나르기에 적합하다. 어떤 식물의 경우 날개나 낙하산이 비행 중에만 종자에 붙어 있는 경우도 있다. 엉겅

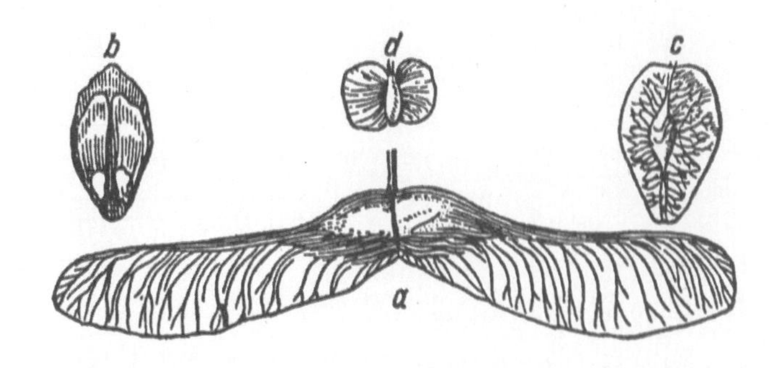

그림 5. 비행하는 종자들:
a–단풍의 날개열매, b–소나무 날개열매, c–느릅나무 날개열매, d–자작나무 날개열매

퀴의 열매는 조용히 공중을 떠돌지만 장애물에 부딪치게 되면 종자가 낙하산에서 이탈해서 지상으로 떨어지게 된다. 가끔 벽이나 담장에 엉겅퀴가 자라는 것은 바로 이런 이유에서이다. 그밖의 경우 종자는 항상 낙하산에 붙어 있다.

식물 글라이더는 많은 점에서 인간이 만든 글라이더보다 더 완벽하다. 그것은 자기 무게보다 훨씬 더 무거운 무게를 들어올린다. 그리고 저절로 안정을 이룬다는 점이 특징이다. 가령 인도 재스민의 종자를 뒤집어 놓으면 그것은 튀어나온 부분을 아래로 향하면서 알아서 방향을 바꾼다. 또 종자가 비행할 때 설령 장애물에 부딪치더라도 종자는 균형을 잃지 않고 추락하지도 않으면서 천천히 강하하게 된다.

스카이다이버들의 비산개낙하

이번에는 약 10km 상공에서 낙하산을 펴지 않은 채 고공낙하를 시도했던 대담한 스카이다이버들의 이야기이다. 스카이다이빙의 달인이라 할 수 있는 이 사람들이 낙하산의 고리를 잡아당긴 것은 지상으로부터 불과 수백 미터밖에 남지 않은 상공에 이르렀을 때였다. 낙하산의 도움 없이 상당한 거리를 자유낙하(낙하산을 펴지 않은 채 중력에 의해서만 운동하는 것을 말한다—옮긴이)한 다음 나머지 거리를 낙하산으로 활공해서 내려온 것이다.

많은 사람들은, 사람이 낙하산을 펴지 않은 채 마치 '돌'이 떨어지듯 낙하하는 것은 곧 진공 상태에서 아래로 비행하는 것과 같다고 생각한다. 만일 그렇다면, 즉 사람의 몸이 진공 상태에서 아래로 떨어진다면 자유낙하에 걸리는 시간은 실제보다 훨씬 짧아질 것이다. 그리고 낙하 마지막 순간에 얻게 되는 속도는 실로 어마어마한 속도가 될 것이다.

하지만 실제로는 그렇지 않다. 공기 저항이 속도의 증가를 방해하기 때문에 스카이다이버의 낙하 속도는 자유낙하하는 최초 십초 동안만 증가하게 된다(거리로 따지자면 최초 수백 미터까지만 증가한다). 다

시 말해서 속도의 증가와 함께 공기 저항 역시 크게 증가하기 때문에 더 이상 속도가 변하지 않는 순간이 아주 빨리 찾아오게 되고 스카이다이버의 운동이 가속운동에서 등속운동으로 바뀌게 되는 것이다.

자유낙하의 상황을 역학적 관점에서 살펴보면, 스카이다이버의 가속 낙하는 최초 12초 동안 또는 이보다 조금 더 짧은 시간에 이루어진다(이 시간은 스카이다이버의 체중에 따라 달라진다). 10초 정도의 짧은 시간에 약 400~500m의 거리를 낙하하면서 초속 약 50m의 속도를 얻게 되는 것이다(이때부터 낙하산을 펼 때까지는 등속운동을 한다).

빗방울이 떨어지는 것도 대충 이와 비슷하다. 차이가 있다면, 빗방울의 경우에는 속도의 증가가 나타나는 초기 낙하 시간이 약 1초(경우에 따라서는 더 짧을 수도 있다)에 불과하기 때문에 최종 낙하 속도가 스카이다이버의 최종 낙하 속도만큼 크지 않다는 것 뿐이다(빗방울의 크기에 따라 최종 속도는 초속 2~7미터가 된다).

부메랑

원시인의 기술이 만들어낸 최고의 작품 부메랑, 오랜 세월 동안 많은 학자들은 이 기발한 무기에 경탄을 금치 못했다. 실제로 부메랑이 공중을 날아다니는 기이한 광경은 어떻게 저렇게 날 수 있을까라는 생각이 들 정도로 보는 사람을 당혹스럽게 만든다(그림 6).

하지만 그 비행 원리가 자세히 연구되어 있는 오늘날 부메랑은 더 이상 경탄의 대상이 되지 못한다. 다만 여기서 우리가 다시 한

그림 6. 오스트레일리아인들은 엄폐물 뒤에 숨어 사냥감을 맞혀야 할 때 부메랑을 이용한다. 목표물에 빗맞았을 경우 점선으로 표시된 길을 따라 되돌아 온다.

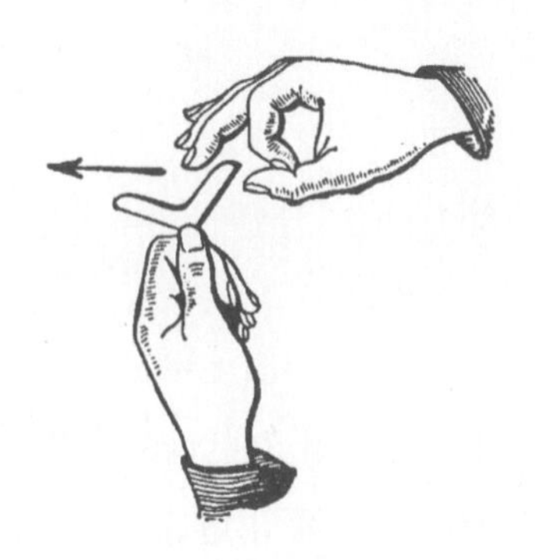

그림 7. 종이 부메랑을 던지는 법

번 살펴보려고 하는 것은, 부메랑의 기이한 비행 궤도가 세 가지 요소, 즉 던지기, 부메랑의 회전 그리고 공기의 저항이라는 세 가지 요소의 상호작용에 의해 얻어지는 결과라는 점이다. 우선 본능적으로 이 세 가지 요소를 적절히 결합시킬 줄 알았던 오스트레일리아인들을 예로 들어 보면, 그들은 자신이 원하는 결과를 얻기 위해 부메랑의 경사각, 던지는 방향 그리고 던질 때의 힘의 세기를 능수능란하게 조절할 수 있었다고 한다.

그런데 알고 보면 이런 손재주에도 누구든 배울 수 있는 어떤 요령이란 것이 있다.

어떻게 하면 되는지 일단 실내에서 연습을 해보자. 우편엽서를 그림 7과 같은 모양으로 오려서 종이 부메랑을 만든다. 이때 부메랑의 두 날개의 크기는 길이를 약 5cm로 하고 너비는 1cm보다 조금 더

그림 8. 종이 부메랑의 또 다른 형태

작게 한다. 완성된 부메랑을 왼손 엄지손가락 끝으로 꽉 누른 후 오른손 손가락을 튕겨서 부메랑을 날려 보자. 단 부메랑의 앞쪽 끝이 약간 위를 향하도록 해야 한다. 그러면 부메랑은 5m 정도를 날아가다가 곧바로 완만한 곡선을 따라 날게 될 것이다(경우에 따라서는 아주 기이한 곡선 모양이 나오기도 한다). 만일 실내의 다른 물건들에 걸리지만 않는다면 부메랑은 여러분의 발 앞에 와서 떨어지게 된다.

그리고 부메랑의 크기와 형태를 그림 8과 같이 하고 또 부메랑의 두 날개를 조금 구부려서 나선형이 되게 하면 보다 더 좋은 결과를 얻을 수 있다(그림 8은 실물 크기의 부메랑을 나타낸 것이다). 이제 어느 정도 숙달이 되고 나면 부메랑은 복잡한 곡선을 그리며 날다가 출발점으로 돌아오게 될 것이다.

끝으로 부메랑에 관해 한가지 알아 두어야 할 것은, 부메랑을 사용했던 사람들이 오스트레일리아 원주민들뿐만은 아니었다는 것이다. 실제로 부메랑은 인도 여러 지역에서 사용되고 있다. 그리고 현재까지 발견된 벽화 유적으로 미루어 봤을 때, 부메랑은 한때 아시리아 병사들의 일상적인 무기로 사용되었고 또 고대 이집트와 누비아(Nubia, 이집트 남부의 나일강 유역과 수단 북부에 해당하는 지역으로 고대에는 독립된 누비아왕국이 있었다--옮긴이)에서도 널리 사용되었던 것

그림 9. 부메랑을 던지는 고대 이집트 병사의 모습.

으로 추정된다. 오스트레일리아식 부메랑만의 고유한 특징이 있다면, 부메랑이 나선형으로 약간 휘어 있다는 점인데, 바로 이런 특징 때문에 기이한 곡선을 그리면서 날아다닐 수 있고 또 빗맞을 경우 던진 사람에게로 되돌아올 수 있는 것이다.

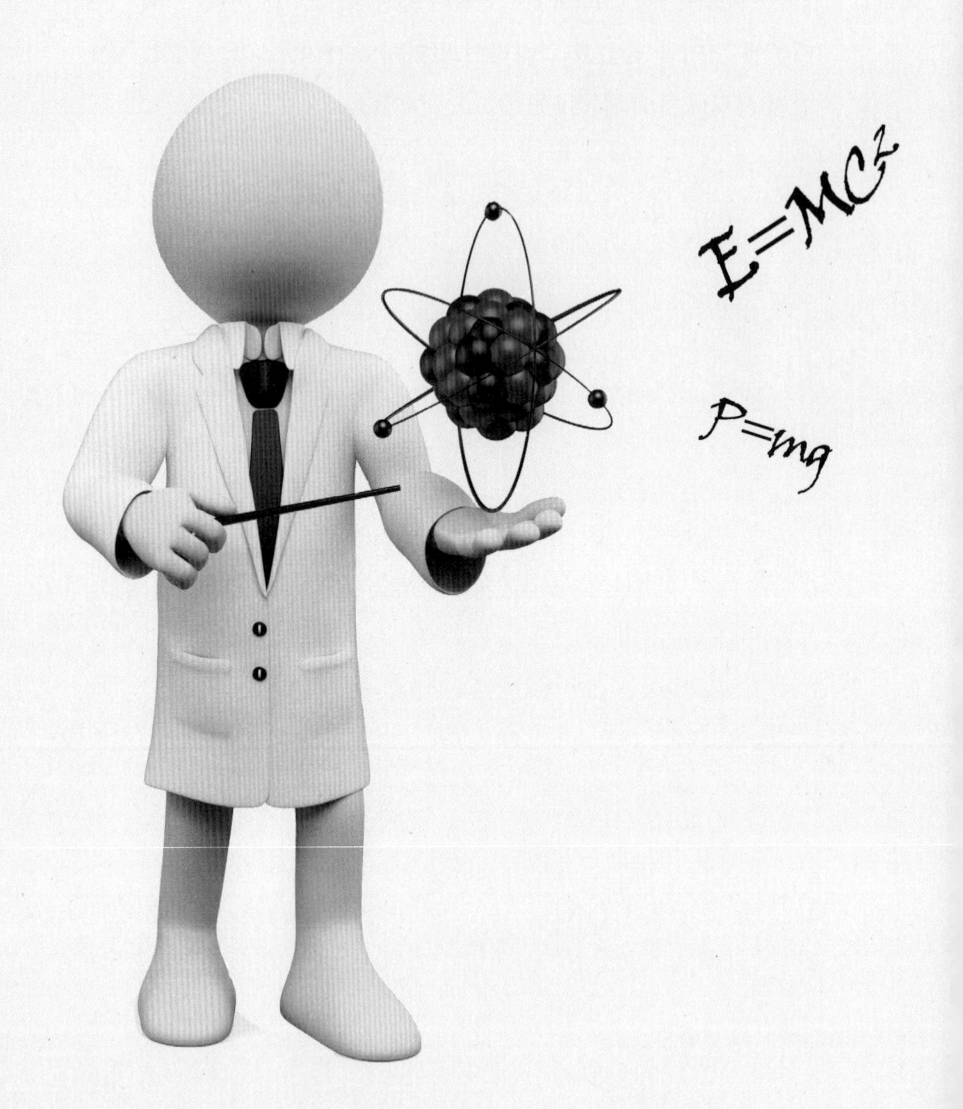
E=MC2
P=mg

CHAPTER 5

귀뚜라미는 어떻게 빨리 도망다닐까? 소리와 청각

메아리를 찾아서

그것을 본 사람은 아무도 없다.
그것을 들어보지 못한 사람도 없다.
몸이 없어도 살아가는 것
혀가 없어도 소리치는 것
- 네끄라소프

유머작가 마크 트웨인(1835-1910: 미국 소설가, 주요 작품으로 톰 소여의 모험이 있다--옮긴이)의 단편들 중에 '메아리' 수집가에 관한 이야기가 있다. 이 수집가는 여러 번 되풀이되는 메아리나 뭔가 색다른 것이 있는 메아리들을 찾아 다녔고 그런 메아리가 울리는 곳이면 가리지 않고 땅을 사들였다.

그는 제일 먼저 조지아주에서 메아리를 샀다. 네 번 되풀이되는 메아리였다. 그 후 메릴랜드주에서 여섯 번 되풀이되는 메아리를 샀고 메인주에서는 13번 되풀이되는 메아리를 샀다. 캔자스주에서 9번 되풀이되는 메아리를 샀고 테네시주에서는 12번 되풀이되는 메아리를 샀다. 그런데 테네시주에서는 벼랑 일부가 무너져 수리를 해야 했기 때문에 싼 값에 메아리를 살 수 있었다. 이 괴짜는 얼마든지 수리할 수 있을 것이라 생각했지만 수리를 맡은 건축가는 아직까지 메아리 소리를 만들어내지 못하고 있다.

물론 이 이야기는 우스갯소리에 불과하다. 하지만 여러 번 되풀이 되는 특이한 메아리는 실제로 세계적인 관심을 끌 만한 것이었다. 가령 영국의 우드스톡궁(宮)에서는 메아리가 열일곱 번이나 뚜렷하게 울려 퍼졌다고 한다.

사실 메아리가 한 번이라도 뚜렷하게 울리는 곳을 찾기란 그리 쉬운 일이 아니다. 그래도 러시아에는 숲으로 둘러싸인 평지들이

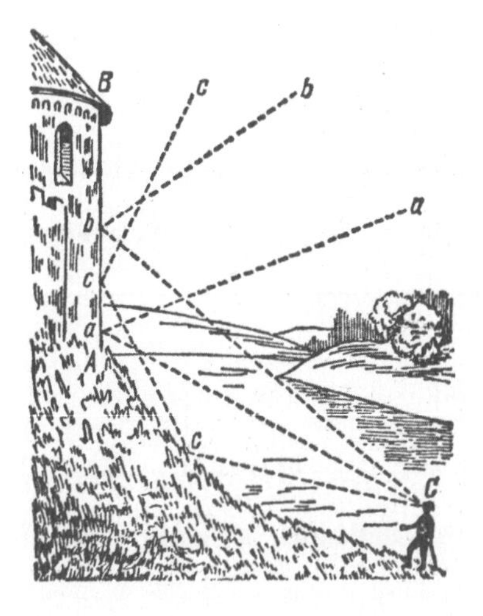

그림 1. 메아리가 울리지 않는 경우

많아 비교적 쉽게 그런 장소를 찾을 수 있다. 숲 속 공터에서 크게 소리를 지르면 숲의 높은 벽에 반사되어 꽤 뚜렷한 메아리가 들려오는 것이다. 물론 산지에서 더 다양한 메아리를 들을 수는 있겠지만 평지에서만큼 자주 듣기는 힘들다.

그러면 메아리가 어떻게 일어나는지 좀 더 자세히 살펴보도록 하자. 메아리는 장애물에 부딪친 음파가 되돌아가는 것을 말한다. 그리고 빛의 반사 때와 마찬가지로 소리의 입사각은 소리의 반사각과 같다.

가령 여러분이 산기슭에 있고 소리를 반사시키는 장애물은 여러분보다 더 높은 곳(그림 1에서 AB)에 있다고 하자. 그림을 보면 쉽게 이해가 되겠지만 선 Ca, Cb, Cc를 따라 이동하는 음파는 반사된 후 여러분 쪽으로 가지 않고 그냥 공중에서 흩어져 버린다

하지만 만약 여러분이 장애물과 같은 높이에 있거나 또는 장애물보다 좀 더 높은 곳에 있다면(그림 2) Ca, Cb 를 따라 내려간 소리가 땅에서 한두 번 반사된 다음 CaaC 또는 CbbC의 꺾어진 선을 따라 여러분에게로 돌아갈 것이다. 그리고 C와 B 사이의 땅이 깊이 패여 있을수록 메아리는 더욱 명료해지는데 이것은 패인 땅이 마치 오목 거울과 같은 작용을 하기 때문이다. 반대로 C와 B 사이의 땅이 불룩 솟아 있다면 메아리 소리는 작아지게 되고 또 우리 귀에까지 들리지 않을 수도 있다. 이렇게 솟아 있는 표면은 볼록 거울처럼 소리를 분산시키기 때문이다.

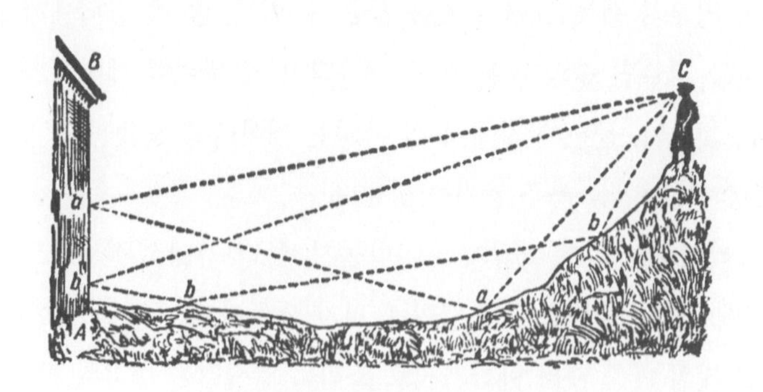

그림 2. 명료하게 들리는 메아리.

기복이 있는 지형에서는 어느 정도 요령이 있어야 메아리를 찾을 수 있다. 또 설사 좋은 장소를 찾았다 해도 메아리를 잘 만들 줄 알아야 한다. 무엇보다도 중요한 것은, 장애물과 너무 가까운 곳에서 메아리를 일으켜서는 안 된다. 소리가 충분한 거리를 지나갈 수 있도록 시간적인 여유를 줘야 하는 것이다. 그렇지 않으면 메아리가 너무 빨리 돌아와서 원래의 소리와 합쳐져 버린다. 소리가 초당 340m를 이동한다는 것을 알고 있다면, 가령 장애물에서 85m 떨어진 곳에 서 있을 경우 소리가 난 후 0.5초 만에 메아리를 듣게 된다는 사실 역시 잘 알고 있을 것이다.

또 한 가지 기억해야 할 것은 모든 메아리가 똑같이 명료하게 들리지는 않는다는 점이다. 소리가 날카롭고 단속적일수록 메아리는 더 뚜렷하게 들리기 때문에 가령 손뼉을 치는 것은 메아리를 일으키는 가장 좋은 방법이 될 수 있을 것이다. 사람의 목소리, 특히 남자 목소리는 메아리를 만드는 데 그리 적합하지 못하다 오히려 여자나 아이들의 높은 톤이 더 명료한 메아리를 만들어낸다.

소리로 거리 측정하기

쉽게 접근할 수 없는 곳의 거리를 측정할 때 소리의 이동속도(공기 중에서의 이동속도)는 큰 도움을 준다. 쥘 베른의 소설《지하 중심부로의 여행》에서 그 예를 찾아볼 수 있는데 다음은 지하 여행을 하던 도중 길을 잃고 헤어진 두 여행자(교수와 그의 조카)가 서로의 목소리를 듣고 거리를 계산하는 장면이다.

"아저씨!" 나는 고함을 질렀다(조카가 화자로 등장한다).

"그래!"

얼마 후에 나는 아저씨의 목소리를 들을 수 있었다.

"지금 우리가 얼마나 멀리 떨어져 있는 거냐?"

"그거야 쉽게 알 수 있죠. 시계는 무사해요?"

"그럼."

"제 이름을 불러보세요. 그리고 부를 때 몇 초인지 정확히 시계를 봐 두세요. 아저씨 목소리가 들리자마자 제가 다시 이름을 부를께요. 그럼 아저씨는 제 목소리가 들리는 순간에 몇 초였는지 시계를 잘 보세요."

"알았다. 그러니까 내가 너의 이름을 부를 때부터 나중에 너의 목소리를 들을 때까지의 시간을 반으로 나누면 소리가 너한테 도착하는 데 몇 초가 걸리는지 알 수 있겠구나."

"그렇죠!"

"그럼 시작한다. 네 이름을 부르마."

나는 벽에 귀를 댔다. '악셀'(조카의 이름)이라는 소리를 듣자마자 이번에는 내 쪽에서 그 이름을 말했다.

" 40초다." 아저씨가 말했다.

"그럼, 소리가 너한테 도착하는 데 20초 걸렸다는 얘기야. 소리가 1초에 1/3 킬로미터를 가니까 20초면 거의 20킬로미터가 되겠지."

이 이야기를 잘 이해했다면 다음의 문제를 혼자 힘으로 쉽게 풀 수 있을 것이다.

멀리 기관차가 달리고 있다. 하얀 연기가 뿜어나오는 것을 보고 (이때부터 소리가 나기 시작한다.) 1.5초가 지난 후에 기적소리를 들었다. 나와 기관차 사이의 거리는 얼마일까?

소리 거울

소리를 반사시키는 거울이 있다. 숲, 높은 담장, 건물, 산 등 메아리를 반사시키는 모든 장애물이 거울의 역할을 하는 것이다(평면의 거울이 빛을 반사시키는 것과 같다).

소리 거울은 평평할 수도 있고 또 굽어 있을 수도 있다. 가령 소리를 한 점에 모을 수 있는 것은 오목하게 생겼다. 그럼 운두가 높은

그림 3. 오목하게 생긴 소리 거울

두 개의 접시로 재미있는 실험을 해보자. 먼저 접시 하나를 테이블 위에 올려놓은 다음 회중시계를 접시 바닥 쪽으로 천천히 내린다. 접시 바닥에서 몇 센티미터 떨어진 곳에서 회중시계를 멈춘다. 그리고 또 하나의 접시를 귀 옆에 갖다 댄다(그림 3). 시계와 귀 그리고 접시가 모두 올바른 곳에 위치해 있다면(몇 번은 시도해야 제대로 될 것이다.) 여러분 귀에 시계의 째깍거리는 소리가 들릴 것이다. 그런데 째깍거리는 소리가 테이블 위의 접시가 아닌 귀 옆의 접시에서 들리는 것처럼 느껴진다!

이처럼 신기하게 들리는 소리는 중세 시대의 궁전에서도 그 예를 찾아볼 수가 있다. 그것은 소리를 모으는 '통화관'을 벽 속에 설치하고 그 한쪽 끝에 흉상을 세워놓음으로써 밖에서 나는 소리가 거대

그림 4. 궁전의 말하는 흉상들

한 크기의 통화관을 거쳐 흉상 쪽으로 전달되도록 한 것이었다. 흉상 옆을 지나가던 사람들은 마치 대리석 흉상이 속삭이고 콧노래를 부르는 듯한 느낌을 받게 된다.

극장에서 울리는 소리

극장이나 콘서트장 중에는 음향설비가 잘 된 곳도 있고 또 그렇지 못한 곳도 있다. 어떤 곳은 배우들의 목소리와 악기 소리가 먼 거리에서도 똑똑히 잘 들리는가 하면 또 어떤 곳은 아주 가까이에서 듣는데도 잘 들리지 않는다. 왜 이런 현상이 일어나는 것일까? 미국의 물리학자 우드(Robert Williams Wood: 1868-1955)의 《음파와 그 응용》에서 답을 찾아보자.

건물 안에서 발생하는 모든 소리는 음원으로부터의 소리가 멈춘 후에도 상당히 오랫동안 울려 퍼진다. 이것은 소리가 여러 번 반사되면서 건물 안 주위를 돌기 때문인데, 문제는 바로 이때 또 다른 소리가 이어지면서 청중이 소리를 알아듣는 데 어려움이 생긴다는 것이다. 예를 들어 소리가 3초 동안 발생하고 무대 위의 연사가 1초에 세 개의 음절을 발음한다고 하면 총 9개의 음절에 상응하는 음파가 퍼져나갈 것이다. 그러면 홀 안의 모든 소리가 뒤죽박죽 섞여 소음이 일어나게 되고 결국 청중은 연사의 말을 알아들을 수 없게 되는 것이다. 이런 조건에서 연설하는 사람은 아주 또박또박 말하거나 아니면 너무 크지 않은 목소리로 말해야 한다. 그런데 연사들은 그렇게 하지 않는다. 오히려 큰 목소리로 말하려고 기를 쓴다. 결국 소음이 더 커질 수밖에 없는 것이다.

얼마 전까지만 해도 극장이 훌륭한 음향 설비를 갖춘다는 것은 기대하기 힘든 일이었다. 그러나 요즘에는 원치 않는 '소리의 지속'('잔향'이라고 부른다)을 막을 수 있는 기법들이 소개되고 있다. 여기서는 '과도한 소리'를 흡수하여 음향효과를 개선하는 방법에 대해 알아보기로 하자. 소리를 가장 잘 흡수하는 것은 열린 창문이다(빛을 가장 잘 흡수하는 것이 구멍인 것처럼). 그리고 열린 창문만큼은 아니지만 그래도 훌륭한 소리 흡수재의 역할을 하는 것이 바로 극장을 찾는 관객들이다. 소리를 흡수하는 측면에서 본다면 각각의 관객이 열린 창문 0.5평방미터에 해당하는 것이다.

한편 소리가 너무 잘 흡수되는 것도 문제다. 첫째, 과도한 소리 흡수는 소리를 들을 수 없게 만들고 둘째, 잔향이 너무 줄어들어 소리가 들쭉날쭉해지면 귀에 거슬리는 소리만 남게 된다. 그러니까 너무 오래 지속되는 잔향도 좋지 않고 또 너무 짧은 잔향도 바람직하지 않다. 가장 적합한 잔향의 정도는 홀의 종류와 구조에 따라 다를 것이기 때문에 설계할 때부터 모든 것을 감안해서 조정해야 한다.

바다 밑바닥에서 울려 퍼지는 메아리

1912년 대양을 항해하던 거대한 타이타닉호가 승객들과 함께 바다 속으로 침몰하고 만다. 침몰의 원인은 거대한 빙괴와의 우연한 충돌이었다. 사람들은 다시는 그런 비극이 일어나지 않기를 바랐다. 하지만 비극이 되풀이되는 것을 막기 위해서는 안개가 자욱이 끼거나 야간 항해를 할 때 얼음 장애물을 미리 피할 수 있어야 했다. 사람들은 메아리를 적극적으로 활용했고 결국 바다 밑바닥으로부터의 반사음을 이용해 물 깊이를 측정하는 방법이 고안되었다.

그림 5에 보인 것이 바로 그 방법이다. 배 밑바닥 한쪽 구석에 화약통을 놓고 여기에 불을 붙이면 날카로운 소리가 발생한다. 이 음파가 바닷물을 뚫고 바다 밑바닥에 닿은 후 반사되면서 메아리를 일으키는데 이때 배 밑바닥에 설치된 센서가 메아리를 감지하여 소리가 발생한 시점부터 메아리가 도착한 시점까지의 시간을 정확히 계산해내는 것이다. 물 속에서 소리가 이동하는 속도를 알고 있다면 소리를 반사시키는 장애물까지의 거리 즉 바다의 깊이를 측정할 수 있다.

반향심해측정기는 심해의 깊이를 측정하는 데 일대 혁명을 일으

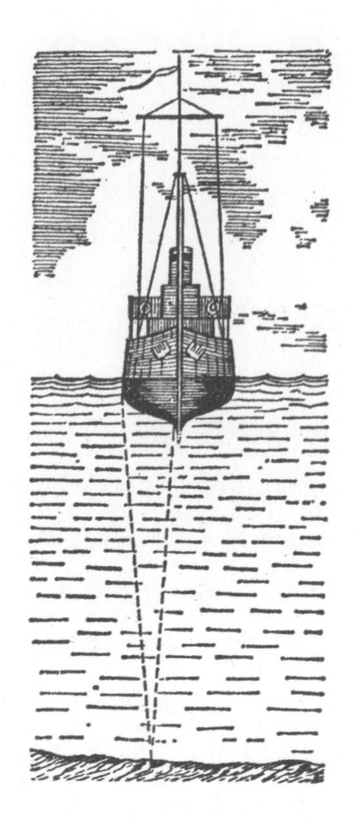

그림 5. 반향심해측정기의 작동 원리.

켰다. 이전의 수심측정기는 정지해 있는 배에서만 이용할 수 있었다. 또 수심을 재는 밧줄을 풀어 물 속으로 내렸다가 도로 감아올리는 작업이 필요한데 느린 속도 때문에 많은 시간이 소요되었다(밧줄 150m를 풀거나 감는 데 1분이 걸렸다). 하지만 반향심해측정기를 이용하면 똑같은 작업을 단 몇 초 만에 해낼 수 있다. 그것도 전속력으로 달리는 배에서 아주 정확하게 측정할 수 있다(이 방법으로 측정할 경우 오차범위가 1/4m를 넘지 않는다).

곤충의 윙윙거리는 소리

곤충이 날아다닐 때 왜 윙윙거리는 소리가 나는 것일까? 대부분의 곤충은 그런 소리를 낼만한 별도의 기관을 갖지 않는데도 말이다. 이 소리는 곤충이 초당 수백 회에 달하는 빠른 속도로 날개를 치기 때문에 발생한다. 날개가 일종의 진동판 역할을 하는 것인데 보통 초당 16회 이상 진동하는 판은 일정한 높이의 음파를 발생시킨다.

모든 음은 고유한 주파수를 갖기 때문에 가령 곤충이 내는 음의 높이를 잘 듣고 판단하면 곤충이 1초에 몇 번이나 날개를 치는지 알 수 있다. 그리고 곤충의 경우 날개의 진폭과 경사도만 바뀔 뿐 초당 날개치는 횟수는 바뀌지 않기 때문에 비행 중인 곤충이 내는 소리는 늘 일정하다

예를 들어 실내를 날아다니는 파리(비행 중 F 음을 낸다)는 초당 352회 날개를 치고 호박벌은 초당 220회 날개를 친다. A음을 내는 꿀벌은 자유롭게 날아다닐 때 초당 440회 날개를 치는 반면 꿀을 가득 실어나를 때에는 초당 330회 날개를 친다. 보다 더 낮은 음을 내는 딱정벌레는 날개 치는 속도가 앞의 것들보다 더 느리고 모기는 초

당 500~600회 날개를 친다. 여기서 잠깐 비교를 위해 말해 두겠는데 비행기 프로펠러의 초당 회전수는 평균 약 25회전이다.

귀뚜라미가 우는 곳은 어디?

소리가 어느 쪽에서 나는지 알 수 없을 때가 종종 있다. 그림 6과 같이 총소리가 오른쪽이나 왼쪽에서 난다면 금방 알 수 있지만 그림 7과 같이 앞이나 뒤에서 날 때는 판단하기가 쉽지 않다.

그러면 다음과 같은 실험으로 좀 더 자세히 알아보자. 먼저 어떤

그림 6. 총이 발사된 곳은 어디일까? 오른쪽일까 아니면 왼쪽일까?

사람을 방 한 가운데에 앉힌 다음 눈을 가린다(이 사람은 고개를 돌리면 안된다). 여러분은 뒤쪽에 서서 동전 두 개로 짤그락거리는 소리를 낸다(이때 여러분은 그림 7과 같이 앉아 있는 사람의 두 눈 사이를 가로지르는 선상에 서 있어야 한다). 잠시 후 자리에 앉아 있는 사람에게 동전 소리가 난 곳을 알아맞혀 보라고 하면 놀라운 결과가 나올 것이다. 이 사람은 실제로 소리가 난 쪽과는 정반대 방향을 가리키게 될 것이다!

만약 여러분이 위에서 말한 위치를 벗어나 조금 옆으로 이동한다면 결과는 좀 더 나아진다. 왜냐하면 앉아 있는 사람의 두 귀 중 한쪽 귀, 즉 소리가 난 곳으로부터 가까운 쪽의 귀가 좀 더 일찍 그리고 좀 더 크게 소리를 들을 수 있기 때문이다.

풀밭에서 우는 귀뚜라미의 위치를 알기 어려웠던 것은 바로 이 때문이다. 가령 길을 걷고 있는데 길 오른쪽에서 날카로운 소리가 들린다고 하자. 오른쪽을 쳐다보지만 아무것도 보이지 않는다. 이번에는 왼

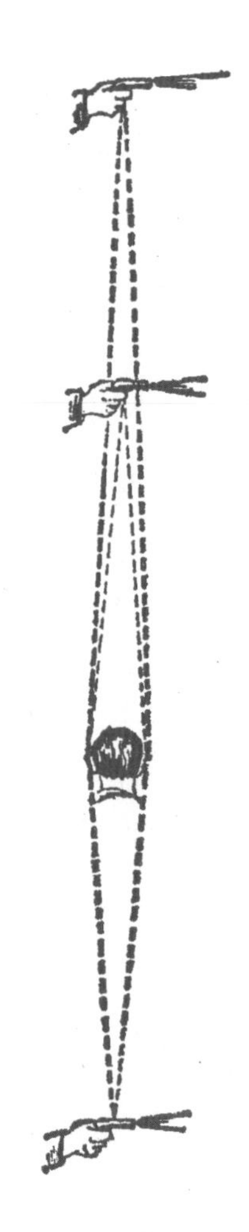

그림 7.
총소리가 난 곳은 어디일까?

쪽에서 소리가 나서 또 그쪽으로 고개를 돌려보지만 이미 소리는 세 번째 장소에서 들려오기 시작한다. 소리가 나는 쪽으로 고개를 빨리 돌릴수록 '보이지 않는' 가수는 더 빨리 이리저리 뛰어다닌다. 하지만 실제로 소리를 내는 곤충은 제자리에 가만히 앉아 있다. 곤충이 놀라울 정도로 빨리 뛰어다니는 것은 단지 상상의 산물일 뿐이고 또 환청의 결과일 뿐이다. 여러분이 범하는 실수는 귀뚜라미가 여러분의 앞이나 뒤에 있음에도 불구하고 소리가 난다고 느끼는 쪽으로 고개를 돌린다는 것이다. 한마디로 실제로 소리가 난 쪽과 여러분이 판단한 방향이 맞지 않는다는 말이다. 이제 결론을 내려보자. 귀뚜라미의 울음소리나 뻐꾸기의 노랫소리 같은 것이 어디서 나는지 알고 싶다면 소리가 나는 쪽으로 고개를 돌리지 말고 그냥 옆을 쳐다보라!

청각에 관한 신기한 경험

딱딱한 건빵을 깨물면 귀청을 찢는 듯한 시끄러운 소리가 들린다. 그런데 옆에 있는 사람도 똑같은 건빵을 먹고 있지만 아무 소리도 나지 않는다. 누구는 소리가 나고 누구는 소리가 안 나는 이유가 무엇일까?

사실 요란한 소리는 우리 귀 속에서만 들릴 뿐 옆 사람의 귀에는 들리지 않는다. 단단한 물체들이 대체로 그렇지만 턱뼈 역시 소리를 잘 전달하는 편이다. 그리고 밀도가 높은 매질을 통과하는 소리는 아주 크게 확대될 수 있다. 만약 건빵의 부서지는 소리가 공기를 통하여 전달된다면 그 소리는 가벼운 소음에 지나지 않을 것이다. 하지만 단단한 턱뼈를 지나 청신경에 도달한다면 그 소리는 굉음으로 바뀌고 말 것이다. 여기서 또 하나의 실험을 해보자. 회중시계의 테두리를 이빨로 꽉 문 다음 양손으로 귀를 막아보자. '째깍째깍' 소리가 엄청나게 크게 들릴 것이다.

베토벤은 귀머거리가 된 후에도 피아노 연주를 들을 수 있었는데 다만 그 방법이 아주 독특했다고 한다. 지팡이의 한쪽 끝을 피아노에 갖다 대고 다른 한쪽 끝을 이빨로 꽉 물고 있었다고 한다. 청각장

애인들도 내이(內耳)에 문제만 없다면 얼마든지 음악에 맞추어 춤을 출 수가 있다. 바닥과 뼈를 지나 청신경까지 소리가 전달되기 때문이다.

복화술의 기적

복화술사들이 펼쳐 보이는 놀라운 기적도 알고 보면 방금 전에 설명한 청각의 특성에 기초하고 있다.

복화술사의 비결은 이런 것이다. 가령 무대 밖에 있는 사람의 말할 차례가 되면 복화술사는 작은 목소리로 중얼거린다. 그리고 자신이 말할 차례가 되면 알아들을 수 있는 원래의 목소리로 말한다. 즉 먼저 말한 소리와 나중에 말한 소리가 뚜렷하게 대비되도록 하는 것이다. 이런 식으로 대화를 주고받다 보면 환청 효과가 높아지게 된다. 이 속임수의 약점이 있다면 그것은, 밖에 있다고 생각되는 사람의 목소리가 사실은 무대 위에서 나온다는 것, 즉 실제와는 다른 방향에서 발생한다는 것이다.

복화술사는 가상의 대화상대가 말할 차례에 자신이 말하고 있다는 것을 청중에게 들키면 안된다. 그래서 다양한 수단을 동원하는데 가령 온갖 제스쳐로 청중의 주의를 끌고 또 옆으로 몸을 숙인다든지 귀에 손을 갖다 댄다든지 하면서 최대한 자신의 입술 모양을 숨기려고 한다. 만약 자신의 얼굴을 숨길 수 없는 상황이 되면 입술의 움직임을 최소한으로 줄인다. 그나마 다행인 것은 애매하고 어

렴풋하게 들리는 속삭임만으로도 충분히 대화가 진행된다는 점이다. 입술 움직임을 숨기는 솜씨가 너무도 완벽하기 때문에 관객들은 '복화술사의 몸 속 깊은 곳에서 소리가 나는 것 같다'는 생각까지 하게 된다. 복화술사라는 이름은 바로 여기에서 유래한 것이다.

복화술이 그럴듯해 보이는 이유는 소리가 나는 방향과 소리가 나는 물체까지의 거리를 정확히 판단하지 못하기 때문이다.

페렐만이 들려주는

생활 속 과학 이야기

초판 1쇄 | 2013년 6월 25일

초판 2쇄 | 2014년 5월 15일

지은이 | 야콥 페렐만

옮긴이 | 이재필

디자인 | 임예진

표지 디자인 | 김진경

편집 | 김재범

펴낸곳 | 도서출판 써네스트

펴낸이 | 강완구

출판등록 | 2005년 7월 13일 제313-2005-000149호

주 소 | 서울시 마포구 동교동 165-8 엘지팰리스 빌딩 925호

전 화 | 02-332-9384 **팩 스** | 0303-0006-9384

이메일 | sunestbooks@yahoo.co.kr

홈페이지 | www.sunest.co.kr

ISBN 978-89-91958-77-7 (03420) 값 12,000원

이 도서의 국립중앙도서관 출판시도서목록(CIP)은 서지정보유통지원시스템 홈페이지(http://seoji.nl.go.kr)와 국가자료공동목록시스템(http://www.nl.go.kr/kolisnet)에서 이용하실 수 있습니다.(CIP제어번호: CIP2013009078)」